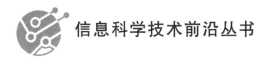

信息科学技术前沿丛书

全光序列匹配原理与实现

李 新 黄善国 编著

北京邮电大学出版社
www.buptpress.com

内 容 简 介

本书围绕全光序列匹配功能的实现,提出了串联、并联,以及串并结合的匹配模型,实现了面向多种调制格式的全光序列匹配,并针对可重构性和系统噪声进行优化设计,旨在实现灵活、高速、鲁棒性高的全光序列匹配。全书共 10 章。第 1 章为光网络安全概述。第 2 章阐述了全光二进制序列匹配系统。第 3 章设计了基于 SOA 的全光二进制序列匹配系统。第 4 章设计了基于 HNLF 的全光二进制序列匹配系统。第 5 章设计了基于 HNLF 的面向高阶调制格式的全光序列匹配系统。第 6 章设计了基于 HNLF 的可重构全光序列匹配系统。第 7 章阐述了基于全光匹配的光包过滤与光子防火墙部署方法。第 8 章阐述了全光序列匹配中的噪声问题与噪声抑制功能的实现。第 9 章进行了光子防火墙系统实验验证。第 10 章对 VPItransmissionMaker 仿真软件进行了简单介绍。本书可作为本科生和研究生学习研究光子防火墙技术的教材,同时也可作为工程技术人员开发设计光子防火墙的参考资料。

图书在版编目(CIP)数据

全光序列匹配原理与实现 / 李新,黄善国编著 .
北京 :北京邮电大学出版社,2024. -- ISBN 978-7 -5635-7310-3

Ⅰ. TP393.082

中国国家版本馆 CIP 数据核字第 2024AL3094 号

策划编辑:马晓仟　　　责任编辑:马晓仟　　　责任校对:张会良　　　封面设计:七星博纳

出版发行:北京邮电大学出版社
社　　址:北京市海淀区西土城路 10 号
邮政编码:100876
发 行 部:电话:010-62282185　传真:010-62283578
E-mail:publish@bupt.edu.cn
经　　销:各地新华书店
印　　刷:保定市中画美凯印刷有限公司
开　　本:787 mm×1 092 mm　1/16
印　　张:12.75
字　　数:327 千字
版　　次:2024 年 8 月第 1 版
印　　次:2024 年 8 月第 1 次印刷

ISBN 978-7-5635-7310-3　　　　　　　　　　　　　　　　　　　定　价:68.00 元

前　言

　　光网络作为各类型网络的基础物理设施,具有传输容量大、承载业务多、覆盖面积广等特点,近年来获得了快速的发展,有力地支撑了 5G、数据中心、物联网、空天地一体化等信息与通信产业。光网络作为整个通信系统中的物理链路层,因其传输介质封闭绝缘,信号速率高和可靠性高等特点,传统意义上被认为具有较高的安全性,因此针对业务传输的安全防御措施通常在电层进行实现,这导致光网络的安全性一直被忽视。早在 20 世纪 90 年代中期,美国就率先进行了海底光缆的窃听试验。随后,美国国家安全机构不遗余力地开发窃听海底光缆的技术和设备,在光缆运营商毫无察觉的情况下掌握了深海切割、窃听光缆的技术。典型的例子是美国海军"吉米·卡特"号核动力攻击潜艇,携带有专门用于为海底光缆安装窃听装置的深潜器,对海底光缆实现窃听或者将窃听装置安装到光缆上进行长期监听。随着光纤入侵、窃听技术与设备的发展和进步,近年来针对光网络的攻击与破坏事件不断曝光,例如,情报监视项目"颧颧"、"亚欧三号海底光缆"监听计划等。针对光网络安全问题,一系列安全防护措施被提出,主要包括:光码分多址技术(Optical Code Division Multiple Access,O-CDMA)、量子加密通信技术、混沌加密技术、节点安全加固技术、入侵检测技术、光网络安全管理、内生安全理论、光子防火墙等。按照作用范围进行分类,O-CDMA、混沌加密技术、节点安全加固技术、入侵检测技术和内生安全理论属于针对光纤链路和节点的防护;光网络安全管理是针对光网络管理层的防护;光子防火墙是针对光纤携带的信息进行的安全防护。防火墙是一种比较成熟的抗网络攻击和入侵的安全防护措施。高速电子信号处理系统中的光电转换具有成本高、处理速度慢、处理带宽小等缺陷,仅仅在电层对传输数据进行入侵检测和安全防御不能适应光网络高速、大容量、低时延的传输特征,需要将防火墙功能进行光层的延伸,直接在光层进行入侵检测和实施防御手段,设计支持全光信息处理的光子防火墙。光子防火墙利用全光匹配直接在光域进行光信号所承载信息的识别,依据已设定的安全策略选择相应的防御手段,实现光域的入侵检测和安全防护。光子防火墙的核心部件是全光匹配模块,全光匹配主要进行目标序列和光信号序列的逻辑操作,根据输出脉冲来判定光信号序列中是否包括目标序列。针对光子防火墙的研究主要是欧盟资助的"光信号线速安全监控"项目。该项目已经实验实现 42.6 Gbit/s 速率的光突发数据包的入侵检测,兼容非归零码和归零码两种光信号格式,光信号匹配模块支持长达 256 位的目标序列长度。与此同时,上海交通大学的杨学林教授团队在该领域取得了一系列创新成果,包括建立了半导体光放大器(Semiconductor Optical Amplifier,SOA)的时域模型、设计了新型加速开关结构、设计了基于 SOA-MZI 的波长转换结构和光逻辑异或门、实现了 85 Gbit/s 的全光异或逻辑门等。光网络的发展日新月异,其传输容量、调制格式、覆盖范围等都在飞速发展,针对光网络的安全需求也在不断提升,迫切需要实现高速、适用于多种调制格式、具有抗噪能力的全光序列匹配。

本书围绕全光序列匹配功能的实现,提出了串联、并联,以及串并结合的匹配模型,利用 SOA 和高非线性光纤(High Nonlinear Fiber,HNLF)实现了面向多种调制格式光信号的序列匹配,考虑系统噪声的影响和可重构的需求,进行了系统优化设计,此外利用全光序列匹配实现了光包过滤,并进行了光子防火墙的部署设计,利用 VPItransmissionMaker 仿真软件搭建仿真验证平台,进行了匹配模型和匹配算法的功能验证。

本书在编写过程中,参考了本研究团队已毕业硕士生和博士生的部分科研成果,其中第 3 章参考了郭俊峰硕士关于“基于 SOA 的二进制匹配系统”的科研成果,并在书中进行了标注。第 6 章和第 7 章参考了石子成硕士关于“面向高阶调制格式的全光可重构匹配”的科研成果,并在书中进行了标注。第 5 章和第 7 章参考了唐颖博士关于“全光快速入侵检测与安全路由”的科研成果,并在书中进行了标注。同时,本书也参考了国内外同行出版的文献资料,引用的部分已在书中进行了标注。第 10 章 VPItransmissionMaker 仿真软件简介主要参考了 VPIPhotonics 官网的介绍和操作说明。此外,本研究团队的张路博士、刘禹博士、辛静杰博士、赵辰宇博士、史昊硕士、郭珂硕士、李岱轩硕士、阮斐扬硕士、高腾麟硕士等对本书的编写工作也提供了很大的帮助,在此一并向他们表示最深切的谢意。由于作者水平有限,书中难免有错误和不当之处,恳请同行和读者批评指正。

目 录

第1章

光网络安全概述

1.1 光网络安全现状

随着信息科技的高速发展,数字经济已经成为世界经济增长的核心推动力,网络是构建数字世界的基石,建设安全、可靠、高速的网络是我们国家的战略目标和核心规划。《中华人民共和国国民经济和社会发展第十二个五年规划纲要》提出:"统筹布局新一代移动通信网、下一代互联网、数字广播电视网、卫星通信等设施建设,形成超高速、大容量、高智能国家干线传输网络。"《中华人民共和国国民经济和社会发展第十三个五年规划纲要》提出:"构建现代化通信骨干网络,提升高速传送、灵活调度和智能适配能力。推进宽带接入光纤化进程,城镇地区实现光网覆盖,提供 1 000 兆比特每秒以上接入服务能力,大中城市家庭用户带宽实现 100 兆比特以上灵活选择;98%的行政村实现光纤通达,有条件地区提供 100 兆比特每秒以上接入服务能力,半数以上农村家庭用户带宽实现 50 兆比特以上灵活选择。"《中华人民共和国国民经济和社会发展第十四个五年规划和二〇三五年远景目标纲要》指出:"建设高速泛在、天地一体、集成互联、安全高效的信息基础设施,增强数据感知、传输、存储和运算能力。加快 5G 网络规模化部署,用户普及率提高到 56%,推广升级千兆光纤网络。"光网络作为骨干传输网、城域网、接入网、数据中心互联网等各类型网络的基础物理设施,具有传输容量大、承载业务多、覆盖面积广等特点,获得了迅猛发展,尤其在全光网络(All Optical Network, AON)和自动交换光网络(Automatically Switched Optical Network, ASON)问世后,其自身的透明性、智能化和栅格化等优点,使其占据了现代通信网络的核心地位,有力地支撑了 5G、数据中心、物联网、空天地一体化等信息与通信产业。尤其对于 5G 来说,基站之间的互连和数据流量增长带来了海量的光纤光缆需求,5G 的发展将极大地刺激光通信网络的建设和部署。2020 年 7 月,中国移动和中国电信公布了 2020 年普通光缆和室外光缆集采结果,两次集采总规模达 1.6 亿芯公里,满足 2021 年全年建设需求[1]。2020 年 3 月,中国移动省际骨干传送网十三期项目中,华为和中兴通讯分别中标东、西两部区域平面的 WDM/OTN 设备板卡及端口集采,这意味着运营商骨干网与 5G 网络商用同步进入单波 200 Gbit/s 时代[2]。2023 年 2 月,中共中央、国务院印发《数字中国建设整体布局规划》指出:"要夯实数字中国建设基础。一是打通数字基础设施大动脉。加快 5G 网络与千兆光网协同建设,深入推进 IPv6 规模部署和应用,推进移动物联网全面发展,大力推进北斗规模应用。"综上所述,在数字经济环境下,我国制定了一系列推动网络发展的政策,而作为其重要的基础物理设施,光网络在不断建设与发展中。

光网络的体系架构主要分为三个平面:管理平面、控制平面和传输平面。对于控制平面,目前已经从传统的基于通用多协议标志交换协议(Generalized Multiprotocol Label Switching,GMPLS)的分布式控制架构向基于软件定义网络(Software Defined Network,SDN)的集中式控制架构演进。SDN 的典型特征是控制和转发分离、集中式控制,能够快速高效地实现光网络重构。SDN 技术比 GMPLS 更加适合光网络多层域多维资源的控制,允许各类业务编程应用,支持广义异构网络的互联互通,以及软件的在线升级,从而降低运维成本,提高效率。对于传输平面,光网络最初主要采用基于波分复用(Wavelength Division Multiplexing,WDM)技术的体系架构,WDM 能够在同一根光纤中同时传输多路光信号,通过将多路光信号分别调制到不同频率的光载波上并行传输,可以成倍地提升光纤通信的容量。此后,正交频分复用(Orthogonal Frequency Division Multiplexing,OFDM)技术被应用到光通信中,OFDM 利用相邻光载波的正交性减小相邻载波的频谱间隙,提升光纤的传输容量,典型的代表是弹性光网络(Elastic Optical Network,EON)。EON 支持将多个业务组合起来调制到多个 OFDM 子载波中形成超级通道以实现高速率传输。此外,OFDM 技术允许部分子载波重叠,使得相邻信道之间的保护带宽减小,从而节省频谱资源。另外,EON 的栅格粒度更小,能够更加灵活地分配频谱资源。为了进一步提高光纤的传输容量,研究人员将空分复用(Space Division Multiplexing,SDM)技术应用到光通信领域中,SDM 技术利用多模光纤或多芯光纤在空间上的自由度来实现多个传输信道的复用,从而突破当前单模光纤(Single-Mode Fiber,SMF)的容量瓶颈。2019 年 2 月 13 日,中国信息通信科技集团首次实现传输速率为 1.06 Pbit/s 的超大容量波分复用及空分复用的光传输系统,该系统能够支持一根光纤上近 300 亿人同时通话[3]。同时,以神经网络为代表的人工智能技术在光网络的互联互通、管理运维、网络优化等领域得到广泛应用,促进了光网络的智能化和自动化。凭借 SDN 技术、时空频多维复用技术以及人工智能技术,光网络已具备软件定义时空频多维智能网络的雏形。虽然灵活、开放、智能的控制架构和时空频多维资源融合的体系架构使得光网络在管控效率和传输容量方面得到了极大的提升,但是光网络的安全性一直是一个比较容易被忽略的问题。

1.2　光网络常见攻击方式

这里讨论的光网络攻击通常是指人为的恶意破坏。从物理层看,光网络中主要考虑的攻击有以下几类:影响光器件、信号窃取、破坏服务和直接破坏系统。为实现攻击,攻击者必须设计攻击方法,原则是:易于实现和效果明显。由此可以根据光网络受到攻击的性质和这些攻击对光网络造成的影响,把光网络攻击分为光器件攻击、服务中断攻击、信号截获攻击和光网络系统攻击。

1. 2. 1 光器件攻击

针对光器件的攻击主要是以光网络中各个光器件的特性为切入点,针对其薄弱处实现对光网络的破坏。其中易受攻击的光器件主要包括光纤、光放大器、光交叉连接(Optical Crossconnect,OXC)设备、光滤波器、光开关等。

(1) 光纤

光纤作为光网络的基石,其本身的特点以及自身的串扰、非线性、弯曲辐射特性为断纤和窃听攻击提供了机会。对光纤的攻击从攻击形式上基本可以分为侵入式攻击和非侵入式攻击。

侵入式攻击需要对光纤进行断纤并重新连接。分光法(Optical Splitting)是一种典型的侵入式光纤窃听手段,其原理是将目标光纤进行切割后插入分光器,实现窃听,如图 1-1 所示。此方法可以将目标信号分为两个信号,其中一个信号在原来的光纤中传输,而另一个信号则被窃听。通常情况下,此方法将造成几分钟的光纤通信中断,因此很容易被发现。

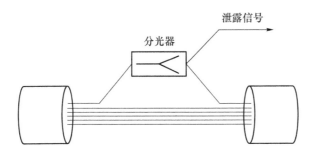

图 1-1 分光法示意

非侵入式攻击主要以窃听的形式进行,主要包括光纤弯曲耦合法、渐进耦合法、V 型槽切口法等。光纤弯曲耦合法是最容易实现的隐蔽窃听方式,其原理为攻击者通过拨开光纤并将其适当地弯曲,光纤中传输的一部分光信号便会泄露出来,如图 1-2 所示[4]。虽然泄露的光信号功率很小,不会影响原始信号传输,但是攻击者可以使用放大器将其放大到光电探测器所需的最低功率大小,从而窃取原始光信号中携带的信息。

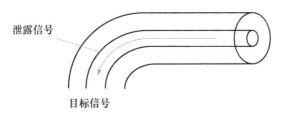

图 1-2 光纤弯曲法示意

渐进耦合法需剥离窃听光纤和目标光纤的保护层,使窃听光纤纤芯尽可能贴近目标光纤纤芯,采用耦合的方式从目标光纤获取原始数据,如图 1-3 所示。由于光纤纤芯非常细,这种方法实现非常困难。

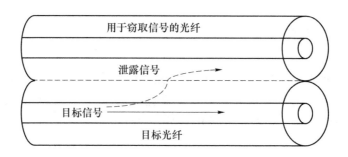

图 1-3　渐进耦合法示意

V 型槽切口法通过一个接近纤芯的 V 型槽导出光纤信号来实现窃听[5]。当 V 型槽的切面与光纤信号传输方向之间的夹角大于完全反射的临界角时，在保护层中传输的部分信号就会和在 V 型槽切面发生叠加效应的信号发生完全反射，导致信号泄露。

由于非侵入式这类方法不会切断光纤也不会影响原始信号传输，因此隐蔽性强，被各国广泛研究，这也是美国"棱镜计划"曝光出的 3 种窃听别国光缆的手段之一。

（2）光放大器

光放大器能直接放大微弱的光信号而无须将其转换成电信号，并且对信号的格式和速率具有高度的透明性，使得整个光纤通信传输系统更加简单和灵活。目前应用最广泛的光放大器就是掺铒光纤放大器（Erbium-Doped Optical Fiber Amplifier，EDFA）。EDFA 是一种高增益、低损耗的光放大器。理论上，EDFA 在所有工作波段上的增益是平稳的，而实际中，其增益大小和输入信号的波长有关，信号功率和其光子是正相关的，这样就会造成增益竞争。在此情况下，攻击者可采用带外干扰攻击，注入一个与通信波段不同波长但又在 EDFA 放大带宽内的攻击信号，经放大器无差别放大后，该攻击信号就会掠夺其他合法信号的增益，导致原始信号服务质量（Quality of Service，QoS）越来越差，甚至中断服务[6]。

（3）OXC

攻击 OXC 主要是利用串扰，由于干扰信号和合法信号在同一波长，光滤波器无法滤除干扰信号，并且分离器也无法去除干扰信号。复用器和分离器以及光交换机都可能是串扰的源头，而且 OXC 固有的串扰也可以用作窃听。窃听增益器可以接入连接器未使用的出口，分析业务和同波长其他信号的增益信息。

（4）滤波器

在光网络中，各个波道间隔非常小，而滤波器的带宽要求非常窄，但又必须满足通带平坦和边带陡峭条件，否则，相邻波道信号就会发生串扰，为非授权侵入提供机会，攻击者可以针对这一特性对某一波段的频率进行干扰和破坏，此种攻击很难检测和定位。

（5）光开关

光开关性能不理想时会导致串扰，且这种串扰具有传播性，一阶串扰引起二阶串扰，进而引起三阶串扰等[7]。除此之外，合法用户间也可能存在串扰。这种串扰对正常的通信来说很小，但是也足以遭受多种服务破坏和窃听的攻击。针对光开关的这一特点，攻击者可以发送恶意攻击信号，这些信号将导致光网络内产生严重的带内干扰，导致服务中断。同时，利用这种串扰也可以进行窃听攻击。

1.2.2 服务中断攻击

服务中断攻击指攻击者凭借某种特定的技术手段中断光网络的通信,这种攻击甚至会导致整个网络瘫痪。实现服务中断攻击的常用方法有:带内干扰攻击、带外干扰攻击,以及信号延迟攻击[8]。

(1) 带内干扰攻击

带内干扰攻击是通过注入一个光信号来削弱接收机正确解译数据的能力的一类攻击。此类攻击不仅会破坏攻击源所在链路上的信号质量,还会影响其他与该链路节点相连的链路上的信号质量,从而可能造成整个网络陷入瘫痪,如图 1-4 所示[9-10]。

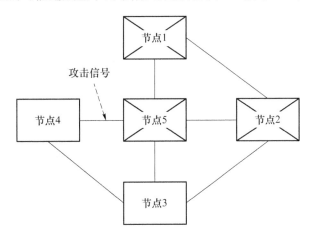

图 1-4 带内干扰攻击[10]

(2) 带外干扰攻击

带外干扰攻击即攻击者发送不同波长的攻击信号在接收合法信号的波段内造成干扰,此类攻击信号可以掠夺合法信号的增益,降低其能量,进而使服务出现故障,如图 1-5 所示[11]。该图表示在有无带外干扰攻击的情况下,EDFA 传输信号增益的变化。

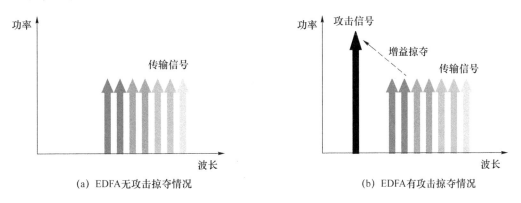

图 1-5 带外干扰攻击[11]

（3）信号延迟攻击

信号延迟攻击通过延时信号光来攻击原信号，利用信号延迟在系统中引起较高的串扰，进而对光网络的关键设备或线路进行隐蔽攻击，导致系统的传输质量下降，甚至出现服务中断，其原理如图 1-6 所示[12]。发送光信号 $x(t)$ 沿正常路由传输，增益为 A，放大后信号为 $Ax(t)$，再将 $Ax(t)$ 延迟时间 τ 后复用进原始路由，执行攻击。到达接收端的信号具有相同的强度和一个相对时延差。

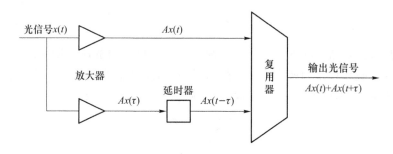

图 1-6　信号延迟攻击传播模型[12]

1.2.3　信号截获攻击

信号截获攻击是指利用各种技术手段进行窃听，从而达到窃取信息目的的一类攻击。这类攻击通常涉及精密的监测设备和技术手段，以侦听、记录甚至解码在数据通信过程中传输的信号。在众多信号截获技术中，串扰窃听和模泄露窃听是两种特别常见的实施方式。

（1）串扰窃听

串扰窃听指攻击者伪装成合法授权用户，利用邻近信道泄露的串扰来获取邻近信道中的信息[13]。如图 1-7 所示，用户 A 的少量数据串扰到用户 B 上，并和用户 B 一起被用户 D 接收。如果用户 D 是非法用户，其可窃听用户 A 串扰到用户 B 的数据。

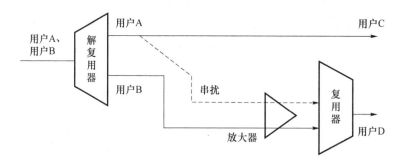

图 1-7　串扰窃听[11]

（2）模泄露窃听

当光纤以一定方式被弯曲或被夹持使其表面形成微弯时，光可以很容易地从护套和涂敷层泄露出来，如图 1-8 所示[11]。即使泄露的光信号功率很微弱，经光放大器后仍可恢复原始数据。

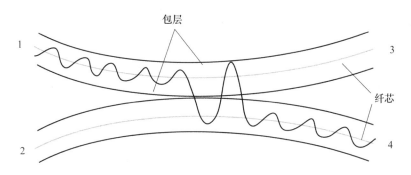

图 1-8　模泄露窃听[11]

1.2.4　光网络系统攻击

光网络系统攻击即攻击者利用光网络系统中某种技术的薄弱点,进行篡改、窃听信息、增加网络负载等,导致系统崩溃。从针对同步数字体系(SDH)网管系统的攻击,到强光攻击、软件定义光网络(SDON)系统的漏洞利用,再到针对开放接口的攻击,每种形式都展示了攻击者多样化的策略与光网络系统的脆弱性。

(1) 针对同步数字体系(Synchronous Digital Hierarchy,SDH)网管系统的攻击

在光传送网中,主要传送的是 SDH 信号。在 SDH 体制中,段开销中所有字节的作用都有明确规定,攻击者可以通过修改段开销中特定字节对光网络进行攻击,从而影响正常通信。例如,修改定帧字节 A1、A2 可以使设备无法从数据流中定位到 STM-N 的位置,导致设备无法分离 STM-N 数据帧;修改奇偶校验字节 B1、B2 会给设备传递错误的误码率,进而影响设备对信号质量的判断等。值得注意的是,单纯修改段开销一般都会触发网元告警。

如图 1-9 所示,和上述修改段开销中特定字节相比,利用数据通信通路(ECC)字节 D1—D12 是一种更隐蔽、更不易被发现的攻击方式[14]。通过解析 D1—D12 字节,攻击者可以找出网络管理端的命令编码规律,进而伪造网管信息对网元进行攻击。例如,攻击者通过利用屏蔽告警命令,可以使目标网元不再向管理端上报告警信息。经此操作,即使攻击者修改段开销,管理端也不会发现目标网元异常。

另外,在 SDH 管理网中,管理信息通常通过嵌入在 STM-N 光信道中的数据通道(D1—D3)传输。由于 STM 是标准的信号格式,并且目前 SDH 光路上不做扰码之外的任何加密措施,因此 SDH 管理网的管理控制信息很容易在光路上被窃取,潜在的攻击者通过破译在数据通道(D1—D3)上承载的网管信息,并采用伪装、欺骗和修改网络信息等手段,如篡改 SDH 节点的交叉连接信息、禁止保护倒换等,使光网络系统不能正常工作。

(2) 强光攻击

强光攻击是一种相对高级的攻击方式,该攻击对光网络系统进行物理层面的破坏,直接使系统内的物理器件失效。向系统内注入强光,不仅会造成光纤的永久性损伤,还可能会使光网络内的其他器件永久失效。强光的侵入不仅会夺走介质中合法信号的增益,还会直接破坏光放大器、光接收模块、光发送模块、光复用器和光解复用器等器件。从成本角度来说,注入强光的攻击方式可对通信运营商造成巨大的损失。由于光系统设备价格高昂,不可能占用大量资金备份所有光板,强光攻击往往会造成大范围内所有光设备报废,修复成本提高,恢复业务时间大大延长。

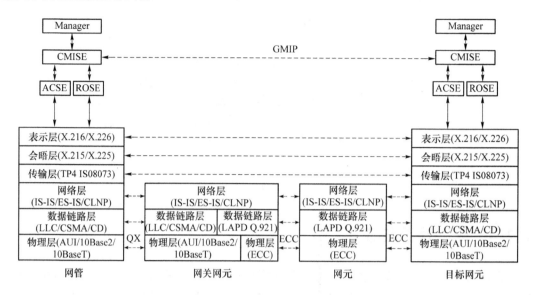

图 1-9　公共管理信息协议[14]

（3）针对软件定义光网络（Software Defined Optical Network，SDON）系统的攻击

由于 SDON 采用的是 OpenFlow 这种开放式信令协议，这在一定程度上给了攻击者攻击的机会。如图 1-10 所示，SDON 中非法网元生成大量的光连接请求，触发 OpenFlow 协议发起光连接的控制和交互信息，导致光网络负载剧增而使阻塞率劣化。网络攻击者利用截获的协议消息进行伪造，破坏业务连接的建立，导致正常的光连接失败并提高光网络的阻塞率。网络攻击者将截获的协议消息进行复制，多次反复传送该消息，破坏正常的协议交互过程。攻击者在一定的技术条件下有可能通过消息交互的流量，获取协议交互的模式，包括光通信节点的标识以及协议消息交互过程。当控制平面进行 OpenFlow 的协议交互时，攻击者可能截获这些协议信息，破解出消息的内容，利用这些内容向系统发起攻击。

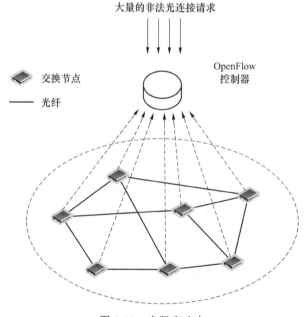

图 1-10　光阻塞攻击

（4）针对光网络系统开放性的攻击

光网络系统的开放性即不同厂商的不同网络系统间的兼容性。为了打破不同业务和不同厂商设备之间的差异性,国际标准化组织提出了基于远程监控的管理架构标准,然而这并没有彻底解决网络管理的局限性和漏洞。

综上所述,光网络由于其自身特性,始终面临着安全威胁。随着光网络技术的不断发展,针对光网络的攻击手段也越来越丰富。因此,伴随着光网络技术的进步,如何为光网络提供安全保障成为重要的研究内容。

1.3　光网络安全防护技术

1.3.1　光缆线路安全加固技术

确保光纤不会遭受物理安全攻击对保障光网络安全非常重要。在铺设光纤时,首先要充分考虑人为和自然等因素,尽量将光纤铺设于比较安全的位置,并尽可能使用具有高强度防护层的光纤。此外,光纤入侵防御技术是针对光纤通信线路受到恶意攻击时的一种有效监测手段。它可以判断入侵事件的性质并给出相应预警,也可精确定位入侵点。目前,多模光纤模式随应力变化的技术、光时域反射仪（Optical Time Domain Reflectometer，OTDR）技术、OTDR 衍生的相位敏感光时域反射仪偏振（Phase-sensitive Optical Time Domain Reflectometer Polarization，φ-OTDRP）和偏振光时域反射仪（Polarization Optical Time Domain Reflectometer，POTDR）技术、赛格纳克（Sagnac）干涉仪技术、马赫-曾德尔（MZ）干涉仪技术和调频连续波（Frequency Modulated Continuous Wave，FMCW）技术等均可用于实现光纤扰动传感。Sagnac 干涉仪技术和 MZ 干涉仪技术都需要至少两根光纤,工程复杂。与其他光纤入侵探测方案相比,FMCW 技术可以同时满足超长的传感距离和极高的空间分辨率,具有最高的探测灵敏度,是迄今为止比较理想的入侵探测方案。

1.3.2　光节点安全加固技术

为了防御针对单级 EDFA 的带外干扰攻击,可以在 EDFA 的输入端放置一个加固模块,用于削弱攻击信号,进而阻断攻击信号进入 EDFA,保证系统正常通信。针对多级 EDFA 带外干扰攻击,采用增益锁定的 EDFA 是最理想的解决方案[15]。此方案不用添加额外设备,并且可以在一定程度上提升网络性能。增益锁定技术是将 EDFA 输出光的一部分〔由带通滤波器决定的特定波长放大自发辐射（Amplified Spontaneous Emission，ASE）光〕接到输入端来产生增益控制信号,并形成一个负反馈系统来实现增益控制。为防御针对 EDFA 的强光注入攻击,可在 EDFA 前端和后端设置强光保护装置。该措施不仅可以保护 EDFA 节点,也可以有效制止强光的进一步传输,将强光的破坏范围限定在一个光再生段的光纤段内。针对 OXC 中的串扰窃听,可将普通的复用/解复用器替换为高隔离度的复用/解复用器或者在普通的复用/解复用器之后加入滤波器,滤除串扰信号。

1.3.3 O-CDMA

O-CDMA 技术通过编码技术来增强光信号传输的安全性,其是把码分多址(Code Division Multiple Access,CDMA)技术和光纤技术融合在一起的一项技术。根据所使用的码字,O-CDMA 系统可分为两类,即相干光系统和非相干光系统。非相干光系统的编/解码通过利用光信号的功率来实现,其结构简单,但带宽利用率较差,只可支持较少用户的同时通信。相干光系统依赖光信号的相位变化实现编/解码[16]。相对于非相干光系统,相干光系统可以有效抗多用户干扰。

非相干 O-CDMA 系统通过光信号的强弱来承载信息。图 1-11 是典型的非相干 O-CDMA 系统的基本原理。窄激光源、光调制器和光编码器构成发射机。编码信号经无源星形耦合器与其他用户的光信号耦合后汇入光纤通道。光接收机由光解码器、光电探测器、阈值器件组成。光编/解码器是 O-CDMA 系统发射端和接收端的核心部件。

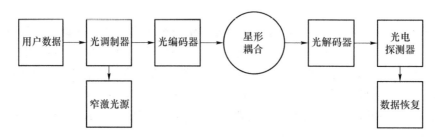

图 1-11　非相干 O-CDMA 系统的基本原理

相干 O-CDMA 技术利用光的相干特性,对光脉冲的相位进行编码,是一种双极性编码方式,可以大大提高系统的自/互相关性能。经编码后的光信号具有宽频谱、类噪声、功率谱密度低、传输速率高等特点。基于 O-CDMA 技术的光域信息隐匿通信原理如图 1-12 所示。在发送端,编码器对编码信号进行处理,将保密信息伪装成噪声,隐匿在宿主系统中传输。此操作可以保证宿主系统正常通信的同时,又可以降低保密信息被发现和截获的可能。

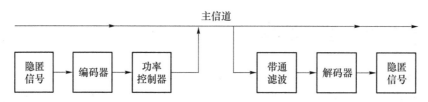

图 1-12　基于 O-CDMA 技术的光域信息隐匿通信原理

1.3.4 噪声加密光通信

噪声加密光通信是一种在信号相位及幅度等调制过程中直接利用随机噪声属性提升传输安全防护能力的光通信系统。该技术的典型方案包括相位调制噪声加密方法[17]、幅度调制噪声加密方法[18]、幅度调制以及相位调制结合的噪声加密方法[19]等。

量子噪声流加密(Quantum Noise Stream Cipher,QNSC),又称量子随机加密、量子流加密、量子迷加密,是近几年兴起的一种基于数学复杂度(短密钥扩展为长密钥的算法)和物理复杂度(量子测量坍缩原理)的加密技术。QNSC 的主要协议是 Y-00,该协议由美国西北大学的 Yuen 教授于 2000 年提出[20]。QNSC 基本原理是香农提出的在理论上安全的"一次一密"。然而,要实现真正的"一次一密",以下要求必须满足:密钥和明文等长,并且密钥由真正随机符号组成;密钥生成速率和信息传输速率要保持一致。然而,在高速率通信背景下,上述需求很难被满足。现有的解决思路为:首先,通过协商信道分发短的真随机密钥;其次,使用短的真随机密钥来生成长密钥流;最后,使用该长密钥流加密明文生成密文[21]。

北京邮电大学信息光子学与光通信国家重点实验室张杰教授带领的光信息安全研究团队展示了一项最新成果——内生安全光通信,使不依赖附加密钥的大容量安全传输成为可能[22]。内生安全光通信技术的核心在于使用噪声弱的部分传递信息,噪声强的部分作为信息的保护伞,使传统的信息、密钥合二为一,形成集通信和保密功能于一体的高速光纤传输系统,进而使信息实现了具有内生安全、不依赖附加密钥的抗截获功能,可以有效抵御来自外界的分光窃听入侵攻击。

1.3.5 量子密钥分发

量子密钥分发(Quantum Key Distribution,QKD)技术被认为是安全的密钥分发,它为光网络中的安全性问题提供了解决方案。QKD 在光网络中为点对点用户提供安全密钥,基于 QKD 的光网络中可以通过多跳节点之间的 QKD 中继生成端到端用户的密钥。为了保障密钥的安全性,密钥更新过程需要不断地在网络中执行。

图 1-13 所示为基于 QKD 的光网络架构。端到端 QKD 可以通过多跳中继转发来实现端到端保密通信。该架构包括:应用层、控制层、QKD 层和数据层。应用层生成具有安全要求的数据服务请求,QKD 层为数据服务提供密钥。每个层可通过控制层中的控制器实现管控功能,这在一些软件定义 QKD 光网络研究中已得到证明[23]。当服务请求到达时,控制器通过通知相应的节点,在 QKD 和数据层中为密钥分配波长资源。与传统保护方法不同,通信双方的密钥都存在泄露风险,因此,应考虑保护更新密钥以增强安全性。图 1-14 所示为量子密钥更新过程,存在具有和不具有密钥更新过程的时隙 t 分配的比较。对于密钥更新过程,可以将更新周期灵活地设置为不同的值,即固定值或统计分布。密钥传输从数据业务到达开始,更新密钥的启动由更新周期触发。由于密钥更新过程通过更新周期的变更在时间维度上具有较强复杂性,所以其可以用于增强密钥的安全性。

QKD 可生成安全的密钥用于解决光网络日益严重的安全问题。QKD 在光网络中的集成可通过 WDM 技术实现,即在一根光纤中的不同信道上传输数据业务和密钥。为保障光网络中数据业务的安全性,需要考虑 QKD 光网络中的正常密钥分发和密钥更新过程。由于每根光纤中使用独立的信道用于传输数据业务和密钥,因此数据业务和密钥的保护可以是相互分开的。数据业务可以使用经典光网络中的保护方案,所以主要关注网络中密钥供给服务的保护。QKD 光网络中的密钥供给服务面临着以下两个子问题。

① QKD 和密钥更新发生在同一网络拓扑中。由于拓扑中的每条链路以共享风险链路组的形式面临着不同的故障风险概率,所以需要避免密钥工作和保护路径同时发生故障的情况。

全光序列匹配原理与实现

② 较多 QKD 和密钥更新的进行将对共享风险链路的限制不断累积,从而导致较高阻塞概率。因此,需要考虑如何降低阻塞率。

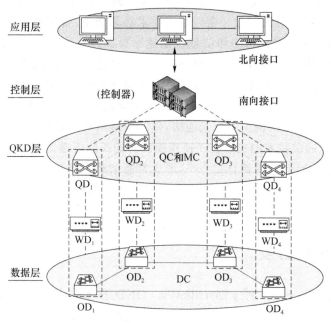

注 WD:WDM设备　　QD:量子探测器
　　QC:量子信道　　　DC:数据信道
　　MC:管理信道

图 1-13　基于 QKD 的光网络架构

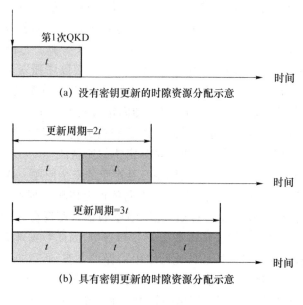

图 1-14　量子密钥更新过程

1.3.6　混沌光通信

作为一种物理层加密方案,混沌光通信是一种保障物理层安全的通信方式。它主要基于混沌信号所具有的宽带类噪声、连续宽带频谱、非周期和遍历性等特性,实现传输信号的加密传输。图 1-15 所示为混沌加密和解密的过程[24]。在发射端,可以将原始信号隐藏于混沌载波中,实现加密。加密信号杂乱无章,呈现出噪声的特性。在接收端,通过混沌同步从混沌加密信号中提取出原始信号,完成解密。

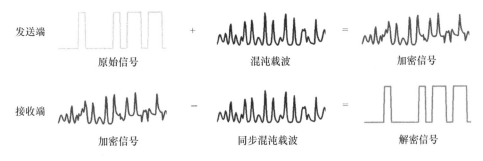

图 1-15　混沌加密和解密过程[24]

混沌的概念最早由美国数学与气象学家洛伦茨在 1963 年提出[25]。它是由确定性的非线性动力学系统显示出的一种对初始状态敏感的,类似随机的行为。对于混沌系统,即使初始值的差异很小,依然会对最终结果造成很大的影响。1985 年,Weiss 等人首次观察到激光器中的混沌现象:激光器输出光的强度或者相位或者偏振态随时间呈现出类似于随机性的变化[26]。Gregory D. VanWiggeren 等人于 1998 年第一次实现了混沌光通信的实验。

实现混沌光通信的基础是光混沌的产生,其基于光电物理器件的非线性。在混沌光通信系统中,根据产生混沌的非线性器件,通常有基于半导体激光器非线性的光混沌、基于马赫-曾德尔调制器(Mach-Zehnder Modulator,MZM)非线性的强度光混沌和基于马赫-曾德尔干涉仪(Mach-Zehnder Interferometer,MZI)非线性的相位光混沌。下面将对各类分别进行介绍。

（1）基于半导体激光器非线性的光混沌

半导体激光器被广泛地应用于光通信。在混沌光通信中,对于激光器混沌的研究也主要集中在半导体激光器上,图 1-16 中展示了三类基于半导体激光器的光混沌产生方式,分别为光反馈[27-28]、光注入[29-30]和光电反馈[31-32]。图 1-16(a)展示了光反馈的混沌产生方式,反射镜首先将激光器的输出光反射回激光器,然后,输出光和激光器的弛豫振荡相互作用,进而产生混沌信号。图 1-16(b)所示为光注入的混沌产生方式,一个激光器的输出光通过光学隔离器注入另外一个激光器中,其中,光学隔离器用于保证注入过程是单向的,当两个激光器频率失谐且注入光强度很小时,从激光器的输出光可以观察到混沌现象。图 1-16(c)所示为光电反馈的混沌产生方式,光电探测器检测半导体激光器的输出光,经电放大器放大的光电流反馈回半导体激光器中,扰动半导体激光器中的载流子密度并产生混沌。

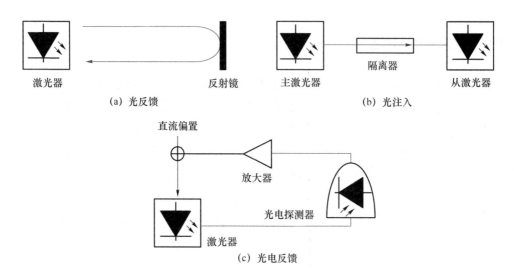

(a) 光反馈   (b) 光注入

(c) 光电反馈

图 1-16　基于半导体激光器的混沌产生方式[24]

（2）基于马赫-曾德尔调制器非线性的强度光混沌

基于马赫-曾德尔调制器非线性的混沌产生结构由 Goedgebuer 等人于 2002 年提出[33]。该结构以 Ikeda 混沌模型为基础,利用调制器调制曲线的非线性产生混沌。如图 1-17 所示,闭合的光电反馈延迟环对激光器的输出进行调制,其中,马赫-曾德尔调制器是一个非线性器件。在反馈环路中,光电探测器实现光电转换,电放大器用于放大电信号,旨在使调制器能够在大驱动电压下呈现出非线性。

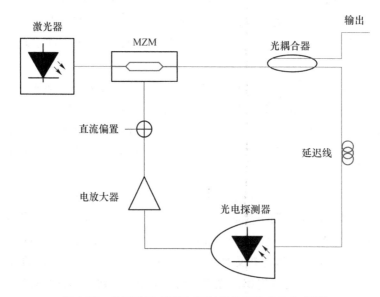

图 1-17　基于马赫-曾德尔调制器的混沌产生方式[24]

（3）基于马赫-曾德尔干涉仪非线性的相位光混沌

2009 年,Lavrov 等人在马赫-曾德尔调制器强度混沌产生结构的基础上提出了光学相位混沌系统[34],其结构如图 1-18 所示。和图 1-17 相比,用相位调制器替换马赫-曾德尔调制器,同时在环内加入马赫-曾德尔干涉仪以达到把相位信号转换成强度信号的目的。信号经过上述转换后,再经光电探测器和电放大器检测进行光电转换和放大,然后作为驱动信号驱动相位调制器,如此循环往复,最终产生混沌。这一结构的关键非线性器件是马赫-曾德尔干涉仪,为了使马赫-曾德尔干涉仪表现出更强的非线性,需要较大的驱动电压去改变输出光的相位。

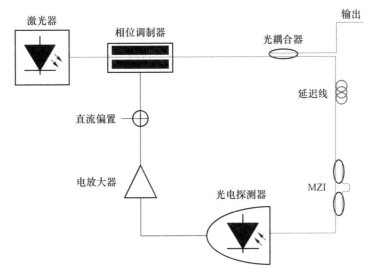

图 1-18　基于马赫-曾德尔干涉仪的混沌产生方式[24]

实现混沌同步的方式随着混沌产生方式的不同而变化。接下来在基于混沌的产生方式上对混沌光通信系统进行分类介绍。

（1）基于激光器的全光反馈混沌光通信系统

该系统基于激光器的混沌同步实现。激光器实现混沌同步的结构可以分为开环结构和闭环结构[35-36]。图 1-19 所示为基于开环结构的混沌同步实现方式。在发送端,利用马赫-曾德尔调制器将信号调制在混沌载波上实现加密。在接收端,使用物理参数基本一致的激光器将载波信号过滤出来,实现混沌解密。在此系统中,对收发端激光器参数的一致性要求可以保证混沌光通信的安全性。

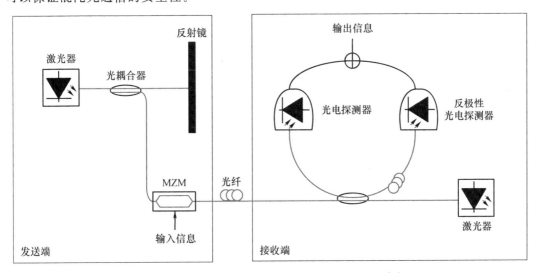

图 1-19　基于激光器的全光反馈混沌光通信系统[24]

（2）基于马赫-曾德尔调制器的光电光反馈混沌光通信系统

在基于马赫-曾德尔调制器的光电光反馈混沌产生结构的基础上，Goedgebuer 等人在 2002 年提出了一种新的混沌光通信结构[33]。之后，Larger 等人又在该结构的基础上进行了改进，系统的通信性能有所提高[37]。如图 1-20 所示，在发送端，该结构首先使用马赫-曾德尔调制器产生混沌，然后，混沌信号与被加密信号通过光耦合器进行混合，实现加密功能。在接收端，该结构采用开环结构，并且接收端内的光电探测器的物理参数需要和发送端内的光电探测器保持一致。通过混沌复制，接收端产生和发送端相同的混沌载波，与另一路信号相减后即可实现混沌解密。

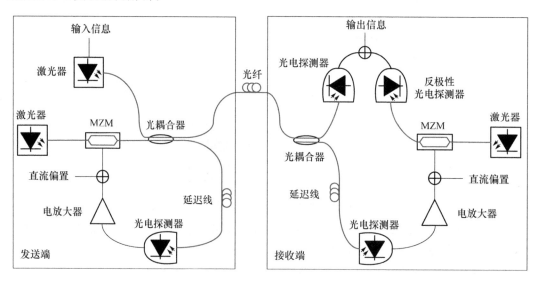

图 1-20　基于马赫-曾德尔调制器的光电光反馈混沌光通信系统[24]

（3）基于马赫-曾德尔干涉仪的光电光反馈混沌光通信系统

图 1-21 所示为基于马赫-曾德尔干涉仪的光电光反馈混沌光通信系统的结构。该结构最早于 2009 年在相位混沌产生装置的基础上提出[34]。在该结构中，马赫-曾德尔干涉仪用于产生混沌的非线性，并且收发端光电探测器物理参数也需保持一致。该系统的优势在于：第一，由于相位混沌信号的幅度不变，其更难被破解；第二，混沌载波通过相位调制器级联的方式叠加在被加密信号上，此操作可以避免混沌载波和被加密信号之间的拍频。

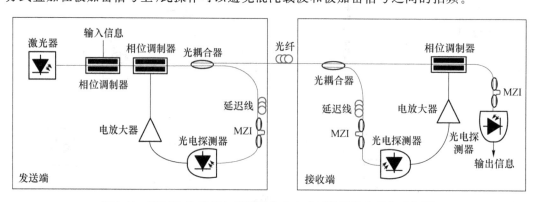

图 1-21　基于马赫-曾德尔干涉仪的光电光反馈混沌光通信系统[24]

1.3.7　跳频光通信

　　跳频光通信防护技术通过在已知密钥控制下进行光信道切换,将保密和非保密信息混合传输,将保密信息隐藏在海量的信息中,从而实现保密传输[38]。具体地,在发射端,根据跳频密钥将信号分段交叠加载到不同的波长信道中传输,实现加密。在接收端,按照设定的跳频密钥进行跳频恢复,实现解密。接下来对已有的光跳频通信系统进行介绍。

　　(1) 双波长高速光跳频通信系统

　　图 1-22 所示为双波长高速光跳频通信系统[39]。此系统是一个点到点的光通信系统,其两端均包含一个发射机和一个接收机,一对发射机和接收机构成一个光跳频收发一体机。在本系统中,发射机由一对不同 ITU 波长的激光器、一对光调制器、一个 1×2 光耦合器和一个 2×2 光开关构成;接收机由波分复用器、一对延时调节器件、一对光探测器和一个 2×2 光开关构成,信号的加载和光开关的控制则由外围电路实现。

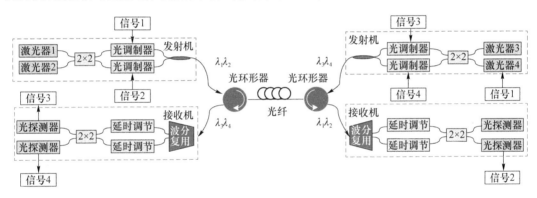

图 1-22　双波长高速光跳频通信系统[39]

　　(2) 基于轨道角动量(Orbital Angular Momentum,OAM)复用的混合光跳频通信系统

　　图 1-23 所示为基于 OAM 复用的混合光跳频通信系统[40]。在发送端,用户的数据首先同时分布到不同的光波长信道中,然后在跳频序列的控制下,通过随机分配不同 OAM 状态的信道进行传输。此方法可以有效隐藏用户的数据,实现加密,增加窃听的难度。

　　(3) "被动"光跳频通信系统

　　图 1-24 所示为跳频光通信系统结构原理。图 1-25 所示为"被动"光跳频通信系统的结构,即在保持载波稳定的情况下,使信号在不同载波之间快速跳频[41]。其效果与光跳频相同。现场可编程门阵列(Field Programmable Gate Array,FPGA)芯片中的信号能够从一个信道高速切换到另一个信道,调谐时间或瞬态可以忽略。跳频速率比比特率高是可能的。另外,来自某一源的任何信号都会对其他信号产生干扰,从而可以提高系统的安全性。

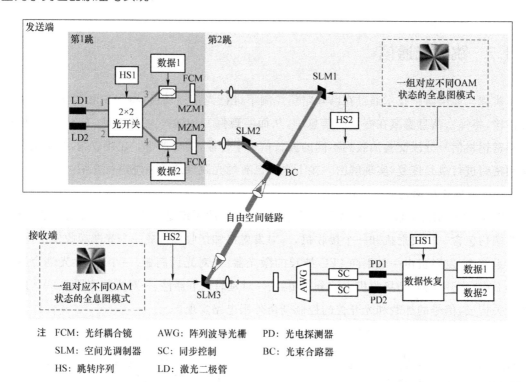

图 1-23　基于 OAM 复用的混合光跳频通信系统[40]

注　FCM：光纤耦合镜　　AWG：阵列波导光栅　　PD：光电探测器
　　SLM：空间光调制器　SC：同步控制　　　　BC：光束合路器
　　HS：跳转序列　　　　LD：激光二极管

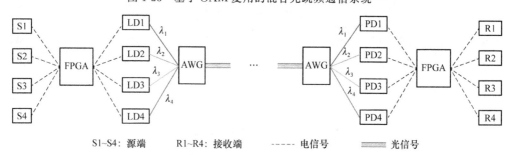

S1~S4：源端　　R1~R4：接收端　　-----　电信号　　=====　光信号

图 1-24　跳频光通信系统结构原理[41]

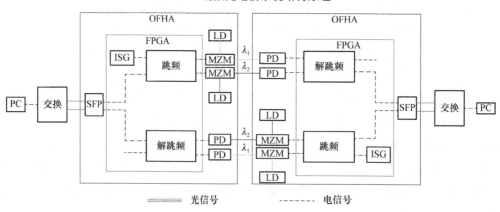

=====　光信号　　-----　电信号

注　PC：个人计算机　　SFP：小尺寸可插拔　　ISG：干扰信号发生器　　OFHA：光学跳频装置

图 1-25　"被动"光跳频通信系统结构[41]

全光序列匹配原理与实现

1.3.8 扩频光通信

O-CDMA 是实现扩频光通信的主要技术。它是一种全新的频率资源利用思路,具有完全异步传输的特点,不需要复杂昂贵的电子设备,通过基于光码的编码方式实现加密。在一个典型的 O-CDMA 系统中,所有用户可以共享相同的传输介质(波长),但是系统给每个用户分配一个唯一的光正交码的码字来区分不同的用户。在发送端,对要传输的数据与该码字进行光正交编码,经光正交编码后的 O-CDMA 编码信号表现为类噪声波形,从而实现加密;在接收端,用与发送端相同的光码进行光正交解码,识别不同的用户,完成解密。接下来对已有的 O-CDMA 系统进行介绍。

(1) 基于逐位扰码的 O-CDMA 系统

Wang 等人提出了一种用于加密光通信的逐位码加扰技术[42]。图 1-26 所示为系统结构图,该系统主要包括两个部分:使用混合差分相移键控(Differential Phase Shift Keying,DPSK)数据和加扰码跳频序列的逐位频谱相位编码和使用互补的码跳频序列的逐位码识别。在编码部分,使用线性啁啾光纤布拉格光栅(Linearly Chirped Fiber Bragg Grating,LCFBG)将 2.5 GHz 的光脉冲进行拉伸,并作为一个低通滤波器来阻断剩余的输入频谱,避免两个相邻的已拉伸的光脉冲之间的重叠。5 个黄金码分别为 OC1:10010110,OC2:11100010,OC3:10101010,OC4:10101100 和 OC5:00001010。5 个黄金码的相关性对于保证所提出的码加扰方案的安全性是至关重要的,因为如果互相关相当高,窃听者仍然可以使用错误的码跳频序列破译 DPSK 数据。在编码时,提前设置好黄金码的排列模式表,将 DPSK 的数据流 5 位分一组,一组对应一种黄金码的排列模式,黄金码排列模式的每个黄金码对应 DPSK 数据流中的 1 位。在解码时,使用所有黄金码的互补码跳频序列完成。在此系统中,编解码阶段对同步要求非常严格,窃听者即使知道所有码跳频序列,如果没有精确的芯片级时间协调,也很难正确解码和恢复 DPSK 数据。

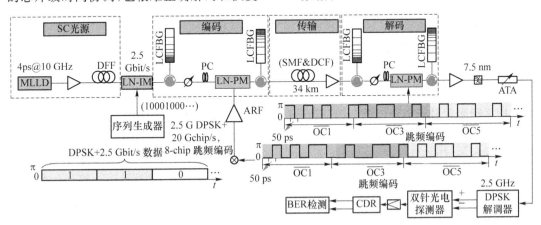

注　MLLD:锁相激光二极管　　DCF:色散补偿光纤　　CDR:时钟数据恢复
　　LN-PM:铌酸锂相位调制器　　OC:光学编码　　DFF:分散扁平纤维

图 1-26　基于逐位码加扰技术的 O-CDMA 系统[42]

(2) 基于光编码技术的 O-CDMA 系统

图 1-27 所示为提出的一种可实现 40 Gbit/s 开关键控(On-Off Keying,OOK)信号安

全传输的加密光通信系统[43]，此系统仅使用非常简单的色散元件和高速相位调制器即可实现快速重新配置具有大码基数的码长可变、超长光码。

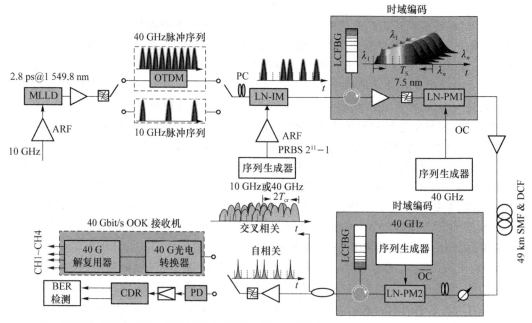

注　OTDM: 光时分复用　ARF: 放大反射光纤　SMF: 单模光纤

图 1-27　可实现 40 Gbit/s OOK 信号安全传输的加密光通信系统[43]

（3）基于时域频谱相位编解码的 O-CDMA 系统

图 1-28 所示为基于时域频谱相位编解码的保密光通信系统[44]。在此系统中，编码部分使用可重构的光码序列通过逐片相位调制对已拉伸的光脉冲进行编码，解码部分使用互补的光码序列完成解密。已解码信号经 DPSK 解调后可以由平衡光电检测器检测到。

1.3.9　光子防火墙

光子防火墙作为一种能够直接在光层中保护光网络的技术，通过全光序列匹配技术在光域中进行光信号所承载信息的识别和分析，甄别出入侵的恶意攻击，并依据预先配置的安全策略选择相应的防御手段，实现对光信号的安全检测。如图 1-29 所示，光子防火墙放置于边缘网络中，作为路由器前端的主要信息过滤手段，它能够对进出网络的信号直接在光域中进行线速的安全监测。高速光信号进入光子防火墙后首先被分为两路，一路作为待检测的光信号用于信息的安全检测，另一路光信号进入延时模块以弥补模式匹配消耗的时间。待检测的光信号首先进入模式匹配模块，并按照预先设定的字段进行模式匹配，判断光信号中是否存在特定的信息字段。若存在特定的信息字段，说明此时光信号承载的信息中包含入侵和攻击行为，并需要进行安全操作，此时可以在光域中进行安全操作，也可以交由电子防火墙进一步进行更精细的安全检测；若检测不到特定的信息字段，则说明此时光信号承载的信息是安全的，信号会进入路由器中并进行后续的传输。

针对光子防火墙的研究主要是由欧盟资助的光信号线速安全监控（Wirespeed Security

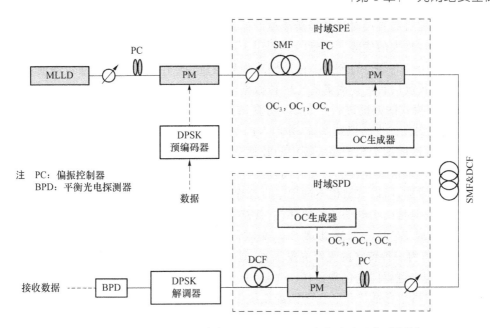

图 1-28 基于时域光谱相位编码/解码(SPE/D)的保密光通信系统[44]

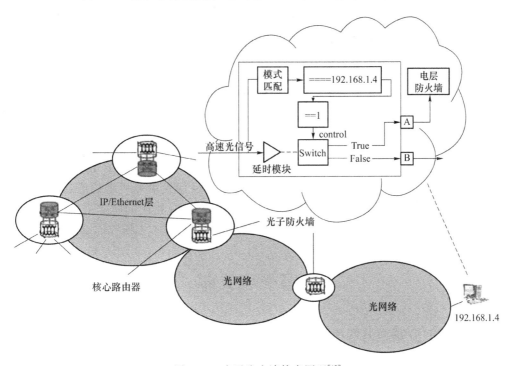

图 1-29 光子防火墙技术原理[45]

Domains Using Optical Monitoring,WISDOM)项目,图 1-29 给出了该项目采用的光子防火墙应用模式和核心操作流程[45]。光子防火墙主要利用全光序列匹配系统,在光域直接进行信号所承载信息的识别,依据已设定的安全策略选择相应的防御手段,实现光域的入侵检测和安全防护。随着光纤通信技术的不断进步,高速全光信息处理势必将成为未来光网络的发展趋势,仅仅依赖电子防火墙进行入侵检测和安全防御将变得不现实。光子防火墙利用全光序列匹配机制直接对光信号所承载的信息进行识别,无须进行光电转换,具有处理速度快、能耗低、容量大的优势。文献[46]利用VPItransmissionMaker(VPI)仿真软件模拟了一种基于同或门(XNOR)的全光二进制模式识别系统,该系统可以通过固定的简单结构识别和定位任意长度的目标。对具有128位数据序列和一组长度为4至32位的10 Gbit/s和40 Gbit/s目标模式的系统进行了仿真,仿真结果与预期吻合。文献[47]设计了一种基于XNOR的并行全光二进制识别系统,并用VPI软件进行了验证。它可以快速识别和定位短目标序列,并可以应用于光子防火墙中的数据分类或隐藏入侵和攻击的粗略检测。它比串行二进制模式识别系统节省了匹配时间,但是随着目标序列位数的增加,所需要的逻辑门的数量也会大幅增加,所以该结构不适用于目标序列较长的情况。SOA主要通过载流子的跃迁实现其功能,但是由于电子瓶颈的存在,载流子在运动过程中存在速度上限,当信号的速率达到一定值时SOA将无法处理[48]。文献[49-50]使用HNLF替换了SOA。相比于SOA,HNLF作为一种特殊的无源光学器件,具有极高的非线性系数和响应速度,已成为替代SOA实现全光逻辑门的优秀器件。文献[51]在已有匹配结构的基础上进行一定程度的改进,主要是对再生器的优化。由于匹配系统中同或门的输出会在与门和再生器内进行循环,所以当信号中存在噪声时,经过多次循环后可能会存在噪声积累的情况,会导致信号质量变差。此时就需要使用再生器对信号进行整形,通过添加信号功率判决器对逐渐变差的信号进行一定的恢复,使系统的可用性更高。仿真结果表明,该系统可以以100 Gbit/s和200 Gbit/s的传输速率识别和定位数据中的目标信号。

1.4 本章小结

本章首先介绍了光网络安全现状。然后介绍了光网络中针对光器件攻击、服务中断攻击、信号截获攻击、光网络系统攻击这4种常见的攻击方式,最后介绍了几种光网络安全防护技术。光子防火墙通过全光序列匹配技术在光域中进行光信号所承载信息的识别和分析,甄别出入侵的恶意攻击,并依据预先配置的安全策略选择相应的防御手段,实现对光信号的安全检测。光子防火墙是重要的光网络安全防护设备,是本书研究的重点。

本章参考文献

[1] 高超. 2020年度光通信行业十大新闻事件评出[EB/OL]. (2021-01-08)[2024-04-10]. https://www. ccidcom. com/guangchengzai/20210126/zLpSp571Gw1EwGaj8182 vfceiwh9g. html.

[2] 中国移动采购与招标网. 中国移动省际骨干传送网十三期新建工程传输设备集中采购_中标候选人公示[EB/OL]. (2020-03-31)[2024-04-10]. https://b2b. 10086. cn/#/noticeDetail? publishId=1714904427635023942&publishUuid=643459.

[3] 范昊天. 中国"三超"光传输实现重大突破[EB/OL]. (2019-02-14)[2024-04-10]. https://www. gov. cn/xinwen/2019-02/14/content_5365470. htm.

[4] IQBAL M Z, FATHALLAH H, BELHADJ N. Optical Fiber Tapping: Methods and Precautions [C]//8th International Conference on High-capacity Optical Networks and Emerging Technologies. Riyadh: IEEE, 2011: 164-168.

[5] 孔庆善, 康迪, 王野, 等. 光纤通信的光信息获取及防护技术研究[J]. 信息安全研究, 2016, 2(2): 123-130, 116.

[6] 吴冰冰, 赖俊森, 汤瑞, 等. 光网络安全现状与量子加密应用前景分析[J]. 电信网技术, 2015(10): 26-30.

[7] BERGMAN B, MURIEL M, CHAN S. Distributed Algorithms for Attack Localization in All Optical Networks [C]//Networks and Distributed System Security Symposium. [S. l.]:[s. n.], 1998: 1-17.

[8] 李宪民. 光网络安全及防范技术探析[J]. 计算机光盘软件与应用, 2014, 17(22): 196-197.

[9] 徐欣, 于红旗, 易凡, 等. 基于 FPGA 的嵌入式系统设计[M]. 北京:机械工业出版社, 2005.

[10] 赵文玉, 纪越峰, 徐大熊. 全光网络的安全管理研究[J]. 电信科学, 2001(5): 11-14.

[11] 罗青松, 阳华, 刘志强, 等. 光网络安全现状及关键技术研究[J]. 中国电子科学研究院学报, 2013, 8(4): 338-343.

[12] 潘青, 解东宏, 程晓江, 等. 一种基于信号延迟的光网络攻击方式[J]. 电子设计工程, 2012, 20(4): 125-126, 129.

[13] 李卫, 王芳, 赵峰. 全光网络中攻击的检测与定位[J]. 现代电子技术, 2008(15): 18-20, 26.

[14] 张引发, 谢小平, 邓大鹏. 光网络物理层安全脆弱性的研究[J]. 现代军事通信, 2004, 12(1): 39-43.

[15] MARQUIS D, MEDARD M, BARRY R A, et al. Physical Security Considerations in All-Optical Networks [C]// Proceedings Multimedia Networks: Security, Displays, Terminals, and Gateways. Washington: SPIE, 1998, 3228: 260-271.

[16] WANG Z, CHANG J, PRUCNAL P R. Theoretical Analysis and Experimental Investigation on the Confidentiality of 2-D Incoherent Optical CDMA System[J]. Journal of Lightwave Technology, 2010, 28(12): 1761-1769.

[17] KANTER G S, REILLY D, SMITH Y. Practical Physical-layer Encryption: The Marriage of Optical Noise with Traditional Cryptography [J]. IEEE Communications Magazine, 2009, 47 (11): 74-81.

[18] GRIGORYAN V S, KANTER G S. Quantum-Noise-Randomized Data Encryption: Comparative Analysis of M-ary PSK and M-ary ASK Protocols for Long-haul Optical Communications[C]//Optical Fiber Communication and the National Fiber Optic Engineers Conference. Anaheim, CA, USA: IEEE, 2007: 1-3.

[19] NAKAZAWA M, YOSHIDA M, HIROOKA T, et al. Real-time 70 Gbit/s, 128QAM Quantum Noise Stream Cipher Transmission over 100 km with Secret

Keys Delivered by Continuous Variable Quantum Key［C］//42nd European Conference on Optical Communication. Dusseldorf, Germany：IEEE, 2016：1-3.

[20] YUEN H P. KCQ：A New Approach to Quantum Cryptography Ⅰ. General Principles and Qubit Key Generation［EB/OL］. （2003-11-10）［2024-04-10］. https：//arxiv. org/pdf/quant-ph/0311061v1. pdf.

[21] 张旭，张杰，李亚杰，等. 基于量子噪声流加密的光纤物理层安全传输技术[J]. 光通信技术，2020, 44(4)：18-22.

[22] 张杰. 内生安全光通信技术及应用[J]. 无线电通信技术，2019, 45(4)：337-342.

[23] 朱宏峰，陈柳伊，王学颖，等. 量子密钥分发网络架构、进展及应用[J]. 沈阳师范大学学报：自然科学版，2023, 41(6)：515-525.

[24] 柯俊翔. 高速混沌光通信系统关键技术研究[D]. 上海：上海交通大学，2020.

[25] LORENZ E N. Deterministic Nonperiodic Flow［J］. Journal of the Atmospheric Sciences, 1963, 20(2)：130-141.

[26] WEISS C O, KLISCHE W, ERING P S, et al. Instabilities and Chaos of a Single Mode NH3 Ring Laser［J］. Optics Communications, 1985, 52(6)：405-408.

[27] MORK J, TROMBORG B, MARK J. Chaos in Semiconductor Lasers with Optical Feedback：Theory and Experiment［J］. IEEE Journal of Quantum Electronics, 1992, 28(1)：93-108.

[28] RONDONI L, ARIFFIN M R K, VARATHARAJOO R, et al. Optical Complexity in External Cavity Semiconductor Laser［J］. Optics Communications, 2017, 387：257-266.

[29] SIMPSON T B, LIU J M, GAVRIELIDES A, et al. Period-Doubling Route to Chaos in a Semiconductor Laser Subject to Optical Injection［J］. Applied Physics Letters, 1994, 64(26)：3539-3541.

[30] TORRE M S, MASOLLER C, SHORE K A. Numerical Study of Optical Injection Dynamics of Vertical-Cavity Surface-Emitting Lasers［J］. IEEE Journal of Quantum Electronics, 2004, 40(1)：25-30.

[31] TANG S, LIU J M. Chaotic Pulsing and Quasi-Periodic Route to Chaos in a Semiconductor Laser with Delayed Opto-Electronic Feedback［J］. IEEE Journal of Quantum Electronics, 2001, 37(3)：329-336.

[32] AL-NAIMEE K, MARINO F, CISZAK M, et al. Excitability of Periodic and Chaotic Attractors in Semiconductor Lasers with Optoelectronic Feedback［J］. The European Physical Journal D, 2010, 58(2)：187-189.

[33] GOEDGEBUER J P, LEVY P, LARGER L, et al. Optical Communication with Synchronized Hyperchaos Generated Electrooptically［J］. IEEE Journal of Quantum Electronics, 2002, 38(9)：1178-1183.

[34] LAVROV R, PEIL M, JACQUOT M, et al. Electro-Optic Delay Oscillator with Nonlocal Nonlinearity：Optical Phase Dynamics, Chaos, and Synchronization［J］. Physical Review E, 2009, 80(2)：026207.

[35] VICENTE R, PÉREZ T, MIRASSO C R. Open-Versus Closed-Loop Performance of Synchronized Chaotic External-Cavity Semiconductor Lasers[J]. IEEE Journal of Quantum Electronics, 2002, 38(9): 1197-1204.

[36] LEE M W, PAUL J, SIVAPRAKASAM S, et al. Comparison of Closed-Loop and Open-Loop Feedback Schemes of Message Decoding Using Chaotic Laser Diodes [J]. Optics Letters, 2003, 28(22): 2168-2170.

[37] GASTAUD N, POINSOT S, LARGER L, et al. Electro-Optical Chaos for Multi-10 Gbit/s Optical Transmissions[J]. Electronics Letters, 2004, 40(14): 898-899.

[38] SUTIVONG A, NAGUIB A F, GORE D, et al. Separating Pilot Signatures in a Frequency Hopping OFDM System by Selecting Pilot Symbols at Least Hop Away from an Edge of a Hop Regin: US, 7768979[P]. 2010-8-3.

[39] 祝宁华, 陈伟, 刘建国. 一种全新的光通信保密机制——光跳频[J]. 网络新媒体技术, 2012, 1(6): 70-72.

[40] JIN Y, CHEN Y, XU C, et al. A Hybrid Optical Frequency-Hopping Scheme Based on OAM Multiplexing for Secure Optical Communications[C]//2020 Asia Communications and Photonics Conference (ACP) and International Conference on Information Photonics and Optical Communications (IPOC). Beijing: IEEE, 2020: 1-3.

[41] WANG S, CHEN W, ZHU N, et al. A Novel Optical Frequency-Hopping Scheme for Secure WDM Optical Communications[J]. IEEE Photonics Journal, 2015, 7 (3): 1-8.

[42] WANG X, GAO Z, KATAOKA N, et al. DPSK Optical Code Hopping Scheme Using Single Phase Modulator for Secure Optical Communication[C]//2010 12th International Conference on Transparent Optical Networks. Munich, Germany: IEEE, 2010: 1-4.

[43] WANG X, GAO Z, DAI B, et al. 40 Gb/s Secure Optical Communication System Based on Optical Code Technology[C]//2018 20th International Conference on Transparent Optical Networks (ICTON). Bucharest, Romania: IEEE, 2018: 1-4.

[44] HUANG Y, WANG X, WANG K, et al. A Novel Optical Encoding Scheme Based on Spectral Phase Encoding for Secure Optical Communication[C]//2017 16th International Conference on Optical Communications and Networks (ICOCN). Wuzhen, China: IEEE, 2017: 1-3.

[45] ATHANASOPOULOS E, KRITHINAKIS A, KOPIDAKIS G. WISDOM: Security-Aware Fibres[C]//Proceedings of the Second European Workshop on System Security. New York, United States: ACM, 2009: 22-27.

[46] GUO J, LI X, TANG Y, et al. An All-Optical Binary Pattern Recognition System Applied in Photonic Firewall Based on VPI Simulation [C]//2019 24th OptoElectronics and Communications Conference (OECC) and 2019 International Conference on Photonics in Switching and Computing (PSC). Fukuoka, Japan:

IEEE，2019：1-3.

[47] LI X，GUO J，TANG Y，et al. Parallel All-Optical Binary Recognition System for Short Sequence Detection Applied in Photonic Firewall ［C］//2019 Asia Communications and Photonics Conference (ACP). Chengdu，China：IEEE，2019：1-3.

[48] MORK J. Fast Processes in Semiconductor Optical Amplifiers：Theory and Experiment[C]//IEEE/LEOS Summer Topi All-Optical Networking：Existing and Emerging Architecture and Applications/Dynamic Enablers of Next-Generation Optical Communications Systems/Fast Optical Processing in Optical. Mont Tremblant，Canada：IEEE，2002：25-26.

[49] LIU Y，HUANG S，LI X. Photonic Firewall Oriented Fast All-Optical Binary Pattern Recognition[C]//2020 International Conference on Optical Network Design and Modeling (ONDM). Barcelona，Spain：IEEE，2020：1-4.

[50] LIU Y，LI X，TANG Y，et al. Binary Sequence Matching System Based on Cross-Phase Modulation and Four-Wave Mixing in Highly Nonlinear Fibers[J]. Optical Engineering，2020，59(10)：156-167.

[51] TANG Y，LI X，SHI Z，et al. A Novel Architecture Based on Highly Nonlinear Fiber for All-Optical Binary Pattern Matching System ［C］//International Conference on Optical Communications & Networks (ICOCN). Qufu，China：IEEE，2021：23-27.

第 2 章

全光二进制序列匹配系统

光子防火墙能够利用全光序列匹配技术直接对光域所承载的信息进行识别，具有处理速度快、容量大、能耗低的优势。其中，全光序列匹配技术是光子防火墙的核心部分，而逻辑门是序列匹配系统的重要结构。本章首先介绍了数字电路中常见的逻辑门，然后介绍串联、并联和串并结合 3 种全光二进制序列匹配系统。

2.1 逻辑门简介

在开始介绍全光二进制序列匹配系统之前，有必要先介绍一下数字电路中的逻辑门。逻辑门（Logic Gate）是在集成电路（Integrated Circuit）上的基本组件[1]。简单的逻辑门可由晶体管组成。这些晶体管的组合可以使代表两种信号的高低电平在通过它们之后产生高电平或者低电平的信号。高、低电平可以分别代表逻辑上的"真"与"假"或二进制当中的 1 和 0，从而实现逻辑运算。

逻辑代数是用来处理逻辑运算的代数，逻辑运算即按照人们事先设计好的规则，进行逻辑推理和逻辑判断。参与逻辑运算的变量称为逻辑变量，用相应的字母表示。逻辑变量只有 0、1 两种取值，而且在逻辑运算中 0 和 1 不再表示具体数量的大小，而只是表示两种不同的状态，即命题的假和真，信号的无和有等。因而逻辑运算按位进行，没有进位，也没有减法和除法。

在二值逻辑中，最基本的逻辑有与逻辑、或逻辑、非逻辑 3 种。基本逻辑的简单组合可形成复合逻辑，实现复合逻辑的电路称为复合门。常见的复合逻辑运算有与非逻辑、或非逻辑、与或非逻辑、异或逻辑和同或逻辑等[2]。

2.1.1 与逻辑运算

与逻辑又称逻辑乘和与运算，简称与。如图 2-1 所示，两个开关 A、B。只有当开关 A、B 全合上时，灯才亮。对于此例，可以得出这样一种因果关系：只有当决定某一事件（如灯亮）的条件（如开关合上）全部具备时，这一事件（如灯亮）才会发生。这种因果关系称为与逻辑关系。

表 2-1 为与逻辑真值表，也称逻辑函数真值表，是逻辑函数的一种直观的描述方法，真值表的左边是输入变量所有可能的取值组合，右边是对应的输出值。

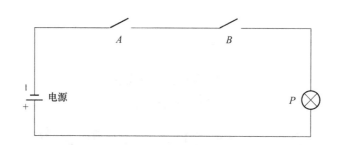

图 2-1　与逻辑举例

表 2-1　与逻辑真值表

A	B	P
0	0	0
0	1	0
1	0	0
1	1	1

满足表 2-1 工作情况的逻辑称为与逻辑。

与逻辑的逻辑函数表达式为

$$P = A \cdot B \tag{2-1}$$

运算也叫逻辑乘,它的运算规则是

$$0 \cdot 0 = 0; \quad 0 \cdot 1 = 0; \quad 1 \cdot 0 = 0; \quad 1 \cdot 1 = 1 \tag{2-2}$$

值得注意的是,逻辑运算和算术运算是有区别的。由运算规则可以推出逻辑乘的一般形式是

$$A \cdot 1 = A \rightarrow A \cdot 0 = 0 \rightarrow A \cdot A = A \tag{2-3}$$

逻辑乘的意义在于:只有 A 和 B 都为 1 时,函数值 P 才为 1。逻辑乘的运算口诀是:全 1 为 1。

2.1.2　或逻辑运算

或逻辑又称逻辑加和或运算,简称或。将图 2-1 的开关 A、B,改接为图 2-2 所示的形式,在图 2-2 电路中,只要开关 A 或 B 有一个合上,或者两个都合上,灯就会亮。这样可以得出另一个因果关系:只要在决定某一事件(如灯亮)的各种条件(如开关合上)中,有一个或几个条件具备时,这一事件(如灯亮)就会发生。这种因果关系称为或逻辑关系。

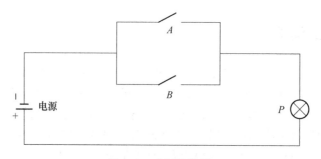

图 2-2　或逻辑举例

表 2-2 为或逻辑真值表。

表 2-2　或逻辑真值表

A	B	P
0	0	0
0	1	1
1	0	1
1	1	1

或逻辑的逻辑函数表达式为

$$P = A + B \qquad (2\text{-}4)$$

或运算也叫逻辑加,它的运算规则是

$$0+0=0; \quad 0+1=1; \quad 1+0=1; \quad 1+1=1 \qquad (2\text{-}5)$$

由运算规则可以推出逻辑加的一般形式是

$$A+0=A \rightarrow A+1=1 \rightarrow A+A=A \qquad (2\text{-}6)$$

逻辑加的意义在于:A 或 B 中只要有一个为 1,则函数值 P 就为 1。逻辑加的运算口诀是:见 1 出 1。

2.1.3　非逻辑运算

如图 2-3 所示,当开关 A 合上时,灯灭;反之,当开关 A 断开时,灯亮。开关合上是灯亮的条件。在该电路中,事件(如灯亮)发生的条件(如开关合上)具备时,事件(如灯亮)不会发生。反之,事件发生的条件不具备时,事件发生。这种因果关系称为非逻辑。

图 2-3　非逻辑举例

表 2-3 为非逻辑真值表。

表 2-3　非逻辑真值表

A	P
0	1
1	0

非逻辑的逻辑函数表达式为

$$P = \bar{A} \qquad (2\text{-}7)$$

非逻辑的运算规则是

$$\overline{0}=1; \quad \overline{1}=0 \tag{2-8}$$

非逻辑的一般形式是

$$\overline{\overline{A}}=A; \quad A+\overline{A}=1; \quad A \cdot \overline{A}=0 \tag{2-9}$$

非逻辑的意义在于：函数值 P 等于输入变量的反。

2.1.4 异或逻辑运算

当两个输入变量 A、B 的取值相异时，输出变量 P 为 1；当两个输入变量 A、B 的取值相同时，输出变量 P 为 0，这种逻辑关系称为异或逻辑。其逻辑表达式为

$$P=A \oplus B=A \cdot \overline{B}+\overline{A} \cdot B \tag{2-10}$$

$\oplus$ 是异或运算符号。其真值表如表 2-4 所示。

表 2-4 异或逻辑真值表

A	B	P
0	0	0
0	1	1
1	0	1
1	1	0

异或逻辑的运算规则是

$$0 \oplus 0=0; \quad 0 \oplus 1=1; \quad 1 \oplus 0=1; \quad 1 \oplus 1=0 \tag{2-11}$$

异或逻辑的一般形式是

$$A \oplus 0=A; \quad A \oplus 1=\overline{A}; \quad A \oplus \overline{A}=1; \quad A \oplus A=0 \tag{2-12}$$

异或逻辑的运算口诀是：相异为 1。

2.1.5 同或逻辑运算

当两个输入变量 A、B 的取值相同时，输出变量 P 为 1；当两个输入变量 A、B 的取值相异时，输出变量 P 为 0，这种逻辑关系称为同或逻辑。其逻辑表达式为

$$P=A \odot B=\overline{A} \cdot \overline{B}+A \cdot B \tag{2-13}$$

$\odot$ 是同或运算符号。其真值表如表 2-5 所示。

表 2-5 同或逻辑真值表

A	B	P
0	0	1
0	1	0
1	0	0
1	1	1

同或逻辑的运算规则是

$$0\odot0=1;\quad 0\odot1=0;\quad 1\odot0=0;\quad 1\odot1=0 \qquad (2\text{-}14)$$

同或逻辑的一般形式是

$$A\odot0=\bar{A};\quad A\odot1=A;\quad A\odot A=1;\quad A\odot\bar{A}=0 \qquad (2\text{-}15)$$

同或逻辑的运算口诀是:相同为 1。

2.2　串行二进制序列匹配

目前全光序列匹配系统主要分为两种:串行全光序列匹配系统和并行全光序列匹配系统。串行全光序列匹配系统使用的全光逻辑门数量少,易于集成。但串行系统对数据序列长度较为敏感,对长序列的匹配速度缓慢。并行全光序列匹配系统借助多个光开关、延时器和全光与门能够实现快速匹配,但是所需的全光逻辑门数量多,成本高。无论是串行全光序列匹配系统还是并行全光序列匹配系统都采用了错位相与的思想实现在全光数据序列中寻找并定位全光目标序列。

图 2-4 所示为串行全光二进制序列匹配系统示意图[3-5]。如图 2-4(a)所示,系统主要由同或门(XNOR)、与门(AND)以及再生器(Regen)组成,与门和再生器相互连接形成延迟为 $(N+1)T$ 的循环回路,其中 N 和 T 分别表示输入数据的位数和比特周期。当输入数据 $\{a_1\cdots a_i\cdots a_N\}$ 进入系统时,首先会通过存储回路对数据重复 M 次,其中 M 表示目标序列的位数。假设目标序列为 $\{b_1\cdots b_i\cdots b_M\}$,每个比特的周期为 NT。然后,同或门会对输入数据和目标序列进行比较,在第 1 个循环中,同或门将数据序列中的所有比特与目标序列的第 1 位进行比较,得到输出 $X^1=\{x_1^1\cdots x_N^1\}$,其中当 a_i 与 b_1 相同时,x_i^1 为真,即对于 $i=1,\cdots,N$,$x_i^1=(a_i\odot b_1)$。接着,将同或门的输出送入与门,与门的另一个输入是长度为 NT 的初始脉冲,该脉冲用于打开与门并与同或门的第 1 位输出同步。因此,最终输出的第 1 帧 $Y^1=X^1$。然后,最终输出的一部分会经过再生器来完成由于系统中使用与门造成的频率变换。再生器的输出将由循环回路返回到与门,作为第 2 帧中与门的两个输入之一。在第 2 个循环中,同或门将数据序列中的所有比特与目标序列的第 2 位进行比较,得到输出 $X^2=\{x_1^2\cdots x_N^2\}$,其中对于 $i=1,\cdots,N,x_i^2=(a_i\odot b_2)$。由于循环回路的长度为 $(N+1)T$,而输入数据的长度为 NT,所以同或门的输出与最终输出的第 1 帧经过一个比特的相对延迟之后对齐。因此,最终输出的第 2 帧 $Y^2=\{y_1^2\cdots y_N^2\}$,其中对于 $i=1,\cdots,N,y_i^2=y_{i-1}^1\cdot x_i^2=x_{i-1}^1\cdot x_i^2=(a_{i-1}\odot b_1)(a_i\odot b_2)$。该输出表示对目标序列前两位的识别,因为当且仅当数据序列的当前位 a_i 与目标序列的第 2 位 b_2 相同,并且数据序列的前一位 a_{i-1} 也与目标序列的第 1 位 b_1 匹配时,y_i^2 才为真。按照上述循环过程,将前一帧的输出经过延时之后与输入数据和目标序列的下一位的比较结果送入与门得到输出结果。因此,在 M 个循环之后,输出 $Y^M=\{y_1^M\cdots y_N^M\}$,由 $y_i^M=y_{i-1}^{M-1}\cdot x_i^M=(x_{i-M+1}^1 x_{i-M+2}^2\cdots x_{i-1}^{M-1})x_i^M=((a_{i-M+1}\odot b_1)(a_{i-M+2}\odot b_2)\cdots(a_{i-1}\odot b_{M-1}))$ 给出。最终输出的最后一帧中的逻辑"1"表示从 a_{i-M+1} 到 a_i 的数据位分别与从 b_1 到 b_M 的目标序列位相同。此外,可以注意到,当在输入数据中找到目标序列时,输出脉冲与输入数据中目标序列的最

后一位对齐。因此,最后一帧输出中的逻辑"1"指示了目标序列的数量和位置,而最后一帧输出中的逻辑"0"意味着输入数据中不存在目标序列。图 2-4(b)所示为在输入数据{1,1,0,0,1,0,1,1,0,0}中,匹配目标序列{1,0,1,1}的过程。对于 OOK 调制格式的信号来说,可以利用两个与门和两个非门来实现同或门,即 $A \odot B = A \cdot B + \bar{A} \cdot \bar{B}$。

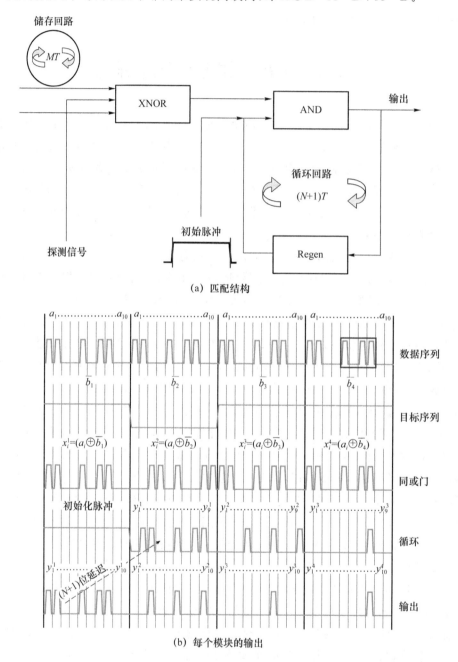

(a) 匹配结构

(b) 每个模块的输出

图 2-4　串行全光二进制序列匹配系统

2.3 并行二进制序列匹配

串行二进制序列匹配系统主要依靠与门、同或门以及再生器进行循环判别。其需要进行重复的同或操作,匹配模式采用的循环相与以及对干扰脉冲影响的排除,都大大增加了匹配的时间,降低了匹配效率。因此如何最大限度地减少二进制序列匹配系统中序列匹配的时间,提升处理效率成为亟须解决的问题。并行全光序列匹配系统通过添加更多的并行处理的逻辑单元有效降低了串行过程的逻辑重复时间。匹配系统的每一个逻辑门在时域上不再重复使用,每一位逻辑匹配在不同的逻辑处理单元同时进行。

图 2-5 给出了所设计的并行全光二进制序列匹配系统的架构[6]。它由 1 个全光同或门、3 个分光器、延迟单元、1 个开关阵列和 1 个与门阵列组成。开关阵列中光开关的数量等于目标序列的位数。延迟单元的数量等于目标序列的位数减 1。全光同或门实现数据序列与全零序列的同或运算。当一个数据序列与全 1 的序列进行同或运算时,结果等于初始数据序列。因此,不需要再进行一次同或来实现数据序列与全一序列的同或运算。开关阵列用于按目标序列配置 2 个输入信号。如果目标序列的一位等于“1”,则相应的光开关需要切换到数据序列的输入端口。如果目标序列的一位等于“0”,则相应的光开关需要切换到数据序列与全零序列同或结果的输入端口。延迟单元对光开关的输出进行延时操作。对于每个延迟单元,延迟等于数据序列的位数减去目标序列的位数。与门阵列由多个全光与门组成,用于对延迟单元的所有输出进行与运算。全光与门的数量等于比目标序列的比特数大的第 1 个 2 的幂次减去 1。假设数据序列为 $\{a_1 \cdots a_i \cdots a_N\}$,目标序列为 $\{b_1 \cdots b_i \cdots b_M\}$。同或门将数据序列与全零序列进行比较。那么同或门的输出就是 $\{\bar{a}_1 \cdots \bar{a}_i \cdots \bar{a}_N\}$。开关阵列根据目标序列的每一位在同或结果和数据序列之间进行选择,结果为 $\{\{a_1 \odot b_1, \cdots, a_N \odot b_1\}_1, \cdots, \{a_1 \odot b_M, \cdots, a_N \odot b_M\}_M\}$。光学延迟阵列对每个同或结果进行延迟,结果为 $\{\{0_1, \cdots, 0_{(M-1)}, a_1 \odot b_1, \cdots, a_N \odot b_1\}_1, \cdots, \{a_1 \odot b_M, \cdots, a_N \odot b_M\}_M\}$。与门阵列对光延迟单元的所有输出进行与运算,结果为 $\{0_1, \cdots, 0_{(M-1)}, (a_1 \odot b_1) \cdot \cdots \cdot (a_M \odot b_M), \cdots, (a_{(N-M+1)} \odot b_1) \cdot \cdots \cdot (a_N \odot b_M)\}$。因此,如果数据序列中存在目标序列,那么最终输出中就会出现“1”。这里,假设数据序列 $\{a_1, \cdots, a_N\}$ 中的序列 $\{a_j, \cdots, a_{j+M-1}\}$ 与目标序列 $\{b_1 \cdots b_i \cdots b_M\}$ 匹配,那么结果就是 $\{0_1, \cdots, 0_j, 0, \cdots, 1_{j+M-1}, \cdots, 0\}$,脉冲的位置指示了全光目标序列在全光数据序列中出现的位置。

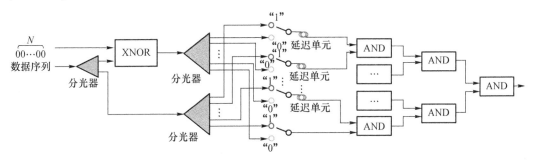

图 2-5 并行全光二进制序列匹配系统

2.4 串并结合全光序列匹配系统

由于串行二进制序列匹配系统采用循环匹配来识别目标序列,因此会积累噪声和信号失真。因此,全光序列识别系统只能处理长度不超过给定最大值的目标序列。当目标序列的长度超过给定的最大长度时,系统的性能将恶化,甚至系统将停止工作。在真实环境中,目标序列的长度是不固定的,并且可能是动态变化的。如何利用现有的固定最大匹配长度的全光序列匹配系统来处理较大长度的目标序列是研究的热点之一。图 2-6 给出了所提出的串并结合的全光序列匹配系统的结构[7]。它由 3 个独立的全光序列匹配系统、1 个分光器、1 个延迟模块和 1 个耦合器组成。每个独立的全光序列匹配系统包括 1 个全光同或门、1 个全光与门和 1 个再生器。全光序列匹配系统实现子目标序列识别功能,分光器将全光数据序列拆分为两个副本,延迟模块对并行全光序列匹配系统的输出进行延时操作,耦合器用于耦合所有并行全光序列匹配系统的输出。

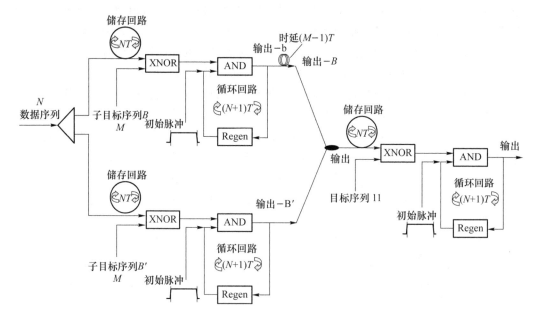

图 2-6　串并结合的全光序列匹配系统

如图 2-6 所示,当全光数据序列进入系统时,它首先被分成两个完全相同的副本,每个副本进入一个全光匹配系统中。然后每个副本通过存储环路被重复 M 次。假设整个目标序列是 $\{B, B'\}$,那么第 1 个子目标序列是 $\{B\}$,第 2 个子目标序列是 $\{B'\}$。每个子目标序列的码元周期是 NT,其中 T 是数据序列的码元周期,N 是数据序列的码元数。对于并行全光序列匹配系统,利用全光同或门对全光数据序列和每个子目标序列进行逻辑同或操作。将全光数据序列和子目标序列的输入作为泵浦光,而探测光是低功率的连续光,利用交叉相位调制(Cross Phase Modulation,XPM)效应实现逻辑同或操作。在第 1 帧中,同或门将全光数据序列中的所有位与子目标序列的第 1 位进行比较,给出一个输出 $X^1 = x_1^1 x_N^1$,其中,如果 a_i 等于 b_1,则 x_i^1 为真,此时对于 $i = 1, \cdots, N, x_i^1 = (a_i \odot b_1)$。然后,使用长度为 NT 的初始化信号与全光与门进行与操作获得第 1 帧输出。全光与门的输出结果通过再生器电路返回到与门,作为第 2 帧中的输入。再生器的作用是对全光与门输出的光信号进行放大、整形和波长转换。在第 2 帧期间,通过同或门将全光数据序列中的所有序列与子目标序列的第 2 码元进行同或操作。同或门的输出 $X^2 = x_1^2 x_N^2$,这里对于 $i = 1, \cdots, N, x_i^2 = (a_i \odot b_2)$。由于再生器环路的长度是 $(N+1)T$,而数据序列的长度是 NT,同或门的输出与与门的第 1 帧有 1 位的延迟。于是,输出的第 2 帧变成 $Y^2 = y_1^2 y_N^2$,其中,对于 $i = 1, \cdots, N$,有 $y_i^2 = y_{i-1}^1 x_i^2 = x_{i-1}^1 x_i^2 = (a_{i-1} \odot b_1)(a_i \odot b_2)$。因此在经历 M 次循环后,输出 $Y^M = y_1^M y_N^M$,由 $y_i^M = y_{i-1}^{M-1} x_i^M = (x_{i-M+1}^1 x_{i-M+2}^2 \cdots x_{i-1}^{M-1}) x_i^M = ((a_{i-M+1} \odot b_1)(a_{i-M+2} \odot b_2) \cdots (a_{i-1} \odot b_{M-1}))(a_i \odot b_M)$ 给出。在输入全光数据序列中找到子目标序列时,输出位与数据序列中的子目标序列的最后一位对齐。图 2-7 所示为在数据序列 $\{1, 1, 0, 0, 1, 0, 1, 1, 0, 0\}$ 中搜索子目标模式 $\{1, 1, 0, 0\}$ 的过程。图 2-8 所示为在数据序列 $\{1, 1, 0, 0, 1, 0, 1, 1, 0, 0\}$ 中搜索子目标模式 $\{1, 0, 1, 1\}$ 的过程。

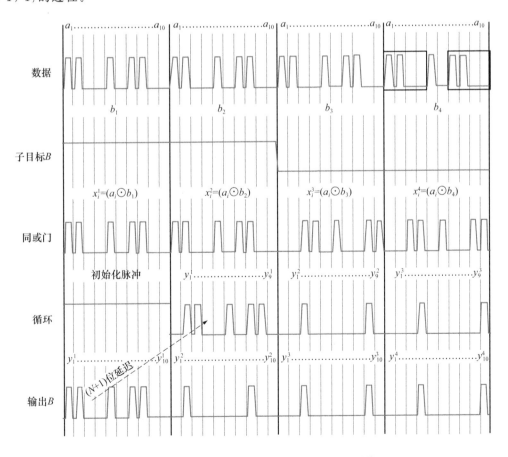

图 2-7 子目标序列 B 的并行全光序列匹配系统

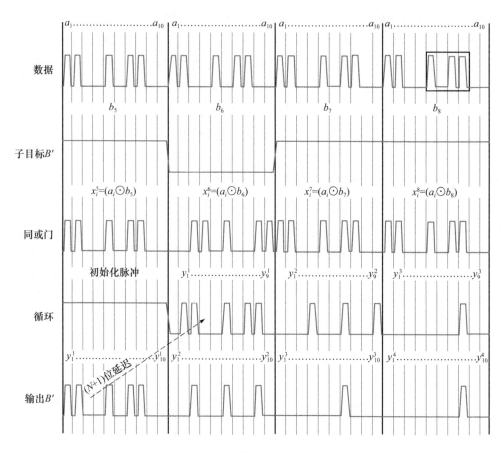

图 2-8　子目标序列 B' 的并行全光序列匹配系统

当所有并行全光序列匹配系统识别出所有的子目标序列时,它们的输出将耦合在一起,进入最后一个全光串行匹配系统。为了实现全光目标序列识别,第 1 个并行全光序列匹配系统的输出需要经过 $(M-1)T$ 的时延,图 2-9 给出了时延和耦合的操作。由于所有的子目标序列都已被识别,最后采用全光序列匹配系统对整个目标序列进行识别。因此,该匹配系统的目标序列均为 1,长度等于子目标序列的个数。图 2-10 所示为在输出序列 $\{0, 0, 0, 0, 0, 0, 1, 1, 0, 0\}$ 中搜索目标序列 $\{1, 1\}$ 的过程。串并结合全光序列匹配系统的输出脉冲可以对数据序列中的整个目标序列进行识别和定位。结果表明,该匹配系统能够识别出 2 倍于现有全光序列匹配系统的目标序列。

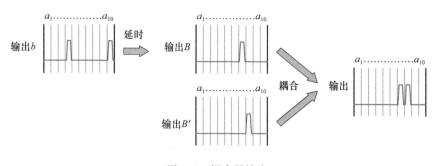

图 2-9　耦合器输出

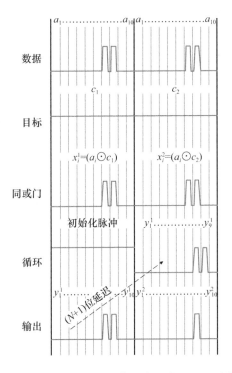

图 2-10 目标序列 $\{B, B'\}$ 的全光序列匹配系统

此外,所提出的串并结合的全光序列匹配系统可以很容易地扩展到支持多位目标序列的识别和定位。这里,假设全光序列匹配系统的最大匹配长度为 M,那么串并结合的全光序列匹配系统可以识别长度为 Mk 的目标序列,其中 k 为正整数。此时,所需的全光序列匹配系统的数目为 $k+1$。对于串并结合的全光序列匹配系统,如果数据序列中不存在子目标序列,则目标序列在数据序列中一定不存在。因此,串并结合的全光序列匹配系统的另一个优点是,当数据序列中不存在一个子目标序列时,可以快速输出结果。

2.5 本 章 小 结

本章深入探讨了全光二进制序列匹配系统的核心技术和实现方法。首先,介绍了数字逻辑门的基础,这是理解全光二进制序列匹配技术的前提。随后,详细阐述了串行和并行二进制序列匹配的概念,以及它们在全光通信系统中的应用和优势。最后介绍了一种串并结合的全光二进制序列匹配系统,这一系统能够高效地处理复杂的序列匹配任务,提高了二进制序列匹配的效率。

本章参考文献

[1] 周萍姑. 简单逻辑门电路学习方法初探[J]. 电子测试,2015(13):37,42-43.

［2］ 林红，周鑫霞. 数字电路与逻辑设计［M］. 北京:清华大学出版社，2004.

［3］ ATHANASOPOULOS E，KRITHINAKIS A，KOPIDAKIS G，et al. WISDOM:Security-Aware Fibres［C］//Proceedings of the Second European Workshop on System Security. New York，NY，USA:Association for Computing Machinery，2009:22-27.

［4］ WEBB R P，YANG X，MANNING R J，et al. All-Optical Binary Pattern Recognition at 42 Gbit/s［J］. Journal of Lightwave Technology，2009，27（13）:2240-2245.

［5］ WEBB R P，YANG X，MANNING R J，et al. 42 Gbit/s All-Optical Pattern Recognition System［C］//Conference on Optical Fiber Communication/National Fiber Optic Engineers Conference. San Diego，CA，USA:Optica Publishing Group，2008:1-3

［6］ LI X，GUO J，TANG Y，et al. Parallel All-Optical Binary Recognition System for Short Sequence Detection Applied in Photonic Firewall［C］//Asia Communications and Photonics Conference（ACP）. Chengdu，China:IEEE，2019:1-3.

［7］ XU K，LI X，TANG Y，et al. Serial-Parallel Combined All Optical Sequence Matching System Using Highly Nonlinear Fibers for Photonic Firewall［J］. Optik，2021，244:167571.

第 3 章

基于 SOA 的全光二进制序列匹配系统

3.1　半导体光放大器

目前,利用半导体光放大器(SOA)实现全光逻辑的研究最为广泛,并在持续完善中。SOA 作为非线性介质时,具有多种优势。第一,SOA 的尺寸非常小,具有良好的集成性。第二,SOA 作为有源器件,只需要小电流就能够驱动;同时,由于 SOA 能够对输入信号进行放大,因此输入信号的功率不需要很大,具有低功耗的特点。第三,SOA 的单模波导结构使其特别适合与单模光纤一起使用,有效地减少了熔接损耗。第四,SOA 具有很高的非线性系数和多种非线性效应。这些优良特性使 SOA 成为实现全光逻辑门非常有前景的非线性器件。

3.1.1　半导体光放大器的工作原理

SOA 具有与半导体激光器相似的结构,包含了无源区和有源区。与半导体激光器两端的反射层不同的是,SOA 的两端通常都会镀有增透膜,输入光信号只在 SOA 内传输一次,这种 SOA 被称为行波半导体光放大器(Traveling-Wave Semiconductor Optical Amplifier, TW-SOA)。此外,还有一种反射式半导体光放大器(Reflective Semiconductor Optical Amplifier, RSOA),它的后端面镀有一定的反射膜,光信号会在 SOA 传播两次,最后从前端面输出。本章提及的 SOA 特指 TW-SOA。如图 3-1 所示,SOA 的基本结构是一个双异质结[1-4]。该结构中间有一个窄带隙的 P 型半导体,为有源区,具有较大的折射率;其两边分别为宽带隙的 P 型半导体和 N 型半导体,为无源区,具有较小的折射率。有源区被更低折射率的无源区包裹,形成波导结构。

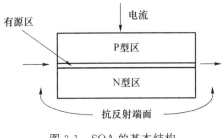

图 3-1　SOA 的基本结构

当 P 型半导体和 N 型半导体接触时,由于存在载流子的浓度差,P 型半导体中的空穴向 N 型半导体扩散,而 N 型半导体中的电子向 P 型半导体扩散,此时在 PN 结的交界面就会出现由 N 型半导体指向 P 型半导体的内电场,并会抑制电子和空穴的扩散运动,形成势垒区。当电场强度到达一定值时,扩散运动会与电场导致的漂移运动达到动态平衡。

当向 SOA 注入一定大小的正向电流时,上述动态平衡状态将被打破,N 型区的电子会注入有源区。而由于 P 型区的带隙宽,且导带的能态比有源区高,对 N 型区注入的电子形成势垒,使其无法扩散到 P 型区。同理,N 型区注入有源区的电子也不能扩散到 N 型区。此时,注入有源区的电子和空穴被限制在了有源区,形成粒子数反转。而有源区中存在的大量电子和空穴会在有源区进行复合,将多余的能量以光子的形式释放出来,此时释放的光子与入射光子在频率、相位、传播方向及偏振态等方面保持一致,称为受激辐射。并且,在光信号沿着有源区波导传播过程中会不断引起新的受激辐射,光信号的功率会不断得到放大。但是由于在不断引起受激辐射的过程中,导带内的电子和价带内的空穴也在持续消耗。而 SOA 中的载流子数目是有限的,因此在注入的正向电流保持一定时,如果一直增加输入光信号的功率,输出端的信号功率并不会再持续增大。

此外,SOA 中还存在着自发辐射和受激吸收等过程。自发辐射是指即使没有外界的影响,高能级的电子也会自发地跃迁到低能级上与空穴复合,并将多余的能量以光子的形式释放出来。此时释放光子的传播方向和频率、相位和偏振态无规律。并且,自发辐射产生的光子也会沿着有源区波导传播,并不断引起新的受激辐射,最终导致输出端出现噪声,也称为放大自发辐射(Amplified Spontaneous Emission)。受激吸收是指处于低能级上的粒子吸收了适当频率外来光,被激发而跃迁到相应的高能级,并产生新的电子和空穴的过程。因为受激吸收过程的存在,SOA 注入的正向电流不能太小,否则会导致受激吸收过程的影响小于受激辐射过程,使粒子数反转无法发生。

实际上,SOA 在用于光信号线性放大时,增益谱并不平缓,饱和功率较低,并且会受到多种非线性效应的影响,导致波形失真。相较于 SOA,EDFA 和拉曼光纤放大器(Raman Fiber Amplifier,RFA)等光纤放大器能够与传输光纤直接熔接,损耗非常低,且能获得更大的输出功率。

3.1.2 半导体光放大器的非线性效应

在作为线性放大器时,虽然 SOA 相比于光纤放大器并不具有优势,但是由于 SOA 具有多种非线性效应,并有着易于集成、功耗低等优良特性,因此被广泛地应用于全光信号处理。全光信号处理指的是利用非线性器件的各种非线性效应直接在光层上对信号进行处理,包括全光逻辑门、全光信号再生及全光波长转换等[5],避免了光-电-光(O-E-O)的转换。本小节将介绍 SOA 常用的 3 种非线性效应,分别为交叉增益调制(Cross Gain Modulation,XGM)、XPM 和四波混频(Four Wave Mixing,FWM)。

SOA 中输入信号的增益主要是通过输入光信号诱发的受激辐射得到的。由于受激辐射会消耗载流子,当输入光信号的功率到达一定程度时,载流子会被大量消耗,从而导致 SOA 增益的减少。这意味着 SOA 中载流子浓度的变化将影响所有输入信号,某一波长上的光信号的输入可能会影响 SOA 内其余各波长上的光信号的增益,这就是 XGM 效应。目前已研究出多种基于 XGM 效应实现全光波长转换[6]和全光逻辑门[7-9]的结构。文献[6]介绍了基于 SOA 中 XGM 效应实现全光波长转换的结构,如图 3-2 所示。将一路波长为 λ_1 的连续光和另一路波长为 λ_2 的泵浦信号光同时输入 SOA 中,SOA 的输出会经过中心波长为 λ_1 的带通滤波器。当泵浦信号光存在脉冲时,SOA 中的载流子受到大功率的泵浦信号光的影响被大量消耗,导致增益下降,此时滤波器输出信号的功率较小;而当泵浦信号光中不存在脉冲时,SOA 中的载流子将仅用于探测光的受激辐射,此时滤波器输出信号的功率相对更大。综上所述,在经过 SOA 后,被调制的连续光中携带了泵浦信号光中的信息,即实现了波长转换功能。

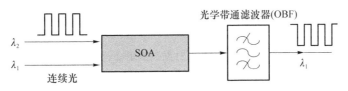

图 3-2 基于 SOA 中 XGM 实现波长转换

文献[7]则利用两个 SOA 实现了全光逻辑异或门,且不需要额外的辅助光,结构如图 3-3 所示。将数据光信号 A 和数据光信号 B 同时输入 SOA 中,其中每个 SOA 左端口的输入信号的功率都远小于右端口的信号功率,通过 XGM 效应,在上下两个 SOA 的输出端将会分别得到 $A\bar{B}$ 和 $\bar{A}B$,随后两路信号通过耦合器就能够得到异或逻辑。文献[8]将上述结构中其中一个 SOA 的输入信号 B 改为时钟信号实现了与非逻辑。文献[9]在同一结构中,仅通过调节 SOA 的注入光功率以及滤波器的波长,就实现了全光逻辑与门及或非门。然而,基于 SOA 中 XGM 效应的全光逻辑门虽然具有快速响应和结构简单的特点,但较长的载流子恢复时间会限制逻辑门的处理速度,且受到模式效应的影响,信号质量较差。

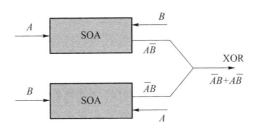

图 3-3 基于 SOA 中 XGM 实现全光逻辑异或门

SOA 内有源区的折射率不是恒定的,而是取决于载流子密度以及内部增益。在 SOA 中输入光信号会导致 SOA 内部载流子浓度发生变化,从而引起有源区折射率的变化,最终会导致信号的相位受到影响。这意味着在 SOA 中传播不同频率光信号时,任一光信号都会影响有源区的折射率,从而任意一波长的光信号的相位都会受到其他波长的光信号的影响,这种相互作用即为交叉相位调制。而由于相位变化无法直接检测到,因此,通常将 SOA 集成在干涉仪上,使用相长干涉或相消干涉将信号中的相位变化转换为强度变化。常用的干涉仪结构包括超快非线性干涉仪(Ultra-high Nonlinear Interferometer, UNI)[10]、迈克尔逊干涉仪(Michelson Interferometer, MI)[11]、MZI[12]等。

文献[11]介绍了一种基于 SOA-MI 结构实现全光逻辑或门的方案,SOA 放置在 MI 的上臂和下臂,如图 3-4 所示。两路不同波长的泵浦输入光耦合后输入至 1 端口,同时连续探测光输入至 2 端口。由于 MI 的下臂没有信号输入,两路输入数据光只要其中一路有脉冲,上下两臂就会产生相位差,通过调节输入数据光的功率使相位差为 π,干涉仪就能够输出脉冲,而当两路输入光信号均不存在脉冲时,连续光发生相消干涉,没有脉冲输出,从而实现或逻辑。

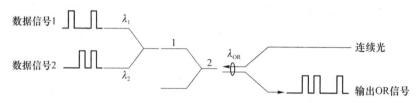

图 3-4　基于 SOA-MZI 结构实现全光逻辑或门

文献[12]介绍了一种能够处理 20 Gbit/s 信号光的基于 SOA-MZI 的全光逻辑异或门,如图 3-5 所示。两路波长分别为 λ_1 和 λ_2 的数据信号被分别输入端口 1 和端口 2,同时,波长为 λ_3 的连续光信号被输入至端口 3。在 MZI 中数据信号将消耗载流子从而改变有源区折射率,若两路数据信号携带不同信息,会导致连续光信号在 MZI 的两臂之间传播过程中出现相位差,最终上下两臂的输出信号在波长 λ_3 处将发生相长干涉并输出。相反,若数据信号携带着相同的信息,在输出端,两臂的输出信号在波长 λ_3 处将发生相消干涉,从而实现异或逻辑。此外,该结构还实现了波长转换。基于 XPM 调制实现全光逻辑门具有较高的消光比,且性能稳定,但是需要进行严格的相位控制。

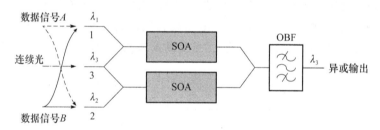

图 3-5　基于 SOA-MZI 结构实现全光逻辑异或门

然而,上述方案仍然受到 SOA 中较慢的增益恢复的影响,无法处理高速信号。为此,需要利用差分交叉相位调制来克服载流子恢复速度的限制。差分交叉相位调制主要通过两种方式实现,一种是利用延时干涉仪转换器(Delayed-Interference Signal-Wavelength Converter,DISC)[13-14],一种是推挽式结构[15-16]。其中推挽式结构能够根据要实现的逻辑,对部分输入光信号经过延迟以创建一个开关窗口,此时系统的工作速率取决于开关窗口的大小,而不受载流子恢复速度的限制。

四波混频是一种三阶非线性过程,当 SOA 中存在不同频率分量的两三路光信号且满足相位匹配条件时,光信号会通过相互作用,在其他频率上产生新的光信号。FWM 效应对相位非常敏感[17],仅当光信号的波长接近,即符合相位匹配条件时,FWM 过程才能成功产生。

基于 FWM 效应实现逻辑门的优势在于具有低码型效应和快速响应速度,但需要满足严格的相位匹配条件。文献[18]成功利用 FWM 效应实现了全光逻辑与门,只有当输入的

SOA 两路光信号均含有脉冲时,才会产生闲频光。通过将滤波器的中心频率设置在闲频光的频率,可以实现与逻辑。文献[19]中的另一项研究同时考虑了 FWM 效应和 XGM 效应,其中 FWM 负责与运算,XGM 用于实现或非逻辑,然后将这两个输出联合以实现异或逻辑。该结构仅使用一个非线性光学元件,因此结构相对简单,但需要对匹配输入信号的时序进行严格控制。

3.1.3　半导体光放大器的特性

在注入 SOA 的正向电流一定时,SOA 的内部增益保持恒定。若此时向 SOA 中输入光信号,且输入信号的功率较小时,SOA 的输出功率将随着输入信号的功率线性增加,称为小信号增益。随着输入信号的功率越来越大,增益介质将不再能保持稳定。SOA 中由于受激辐射将不断消耗载流子,当输入功率增大到某一值后,输出信号的功率将不再增大而是逐渐减小,这称为增益饱和现象[20]。饱和输出功率(Saturation Output Power)用于量化这个增益饱和现象,其定义为放大器增益为小信号增益的一半时的放大器输出信号功率,如图 3-6 所示。

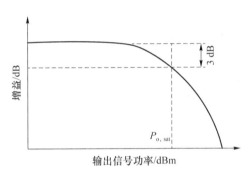

图 3-6　SOA 内部增益与输出信号功率的关系

SOA 常用于放大光信号的调制,当光信号的功率达到一定高度时,会触发增益饱和现象。在信号输入时,SOA 会逐渐消耗带内的载流子;在没有信号输入时,SOA 会通过带内松弛恢复用尽的载流子,这需要一定的时间,这段时间被称为载流子恢复时间。

文献[21]指出,当信号速率达到 10 Gbit/s 或更高时,SOA 的响应速度会受到短暂载流子寿命的影响。一般情况下,SOA 的载流子恢复时间约为 100 ps,对于处理速率低于 10 Gbit/s 的光信号,SOA 具有充足的恢复时间以处理每个脉冲。然而,对于 40 Gbit/s 的高功率光信号,相邻脉冲间隔为 25 ps。因此,若连续脉冲存在,则在上一个脉冲未完全恢复时下一个脉冲即将输入,这会导致信号质量的下降,即出现模式效应。

3.2　基于 SOA 的逻辑实现模型

推挽式的 SOA-MZI 结构不仅有效解决了 SOA 中增益恢复慢的问题,还具备性能稳定、结构简单的优势。因此,本节所提到的 SOA 均为该结构。

3.2.1 基于 SOA 的全光异或门

基于推挽式 SOA-MZI 的全光异或门原理如图 3-7 所示[22]。将要匹配的两路序列分别记为波长为 λ_1 的数据序列 A 和波长为 λ_2 的数据序列 B,两者均为功率较大的泵浦光信号。其中数据序列 A 先输入至干涉仪的端口 1,并在时间差 τ 后输入至端口 2,如图中虚线所示。与此同时,数据序列 B 输入至端口 2,并在时间差 τ 之后输入至端口 1,如图中实线所示。此外,波长为 λ_3 的连续光作为探测光输入至端口 3,且输出端的带通滤波器的中心波长也为 λ_3。

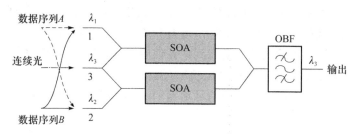

图 3-7 基于推挽式 SOA-MZI 的全光异或门

当数据序列 A 和数据序列 B 不同时,如 A 为"1"而 B 为"0"时,上臂中的 SOA 先发生相位变化而下臂中的 SOA 未受到影响,从而打开开关窗口,在 τ 之后,下臂中的 SOA 也产生了相位变化,相位差恢复为 0,因此开关窗口关闭。这导致在波长 λ_3 处产生了脉冲,因此 SOA-MZI 的输出为"1"。而当数据序列 A 和数据序列 B 相同时(即两者均为"1"或均为"0"),上下两臂 SOA 的相位变化相同,因此 SOA-MZI 的输出为"0"。综上所述,该结构能够实现异或逻辑。

利用 VPItransmissionMaker 搭建的异或门模块的结构如图 3-8 所示。首先分别利用两个伪随机二进制序列生成器(PRBS.vtms)生成两路 32 位的二进制序列,并输入到光高斯脉冲生成器(PulseGaussOpt.vtms)中对其进行直接调制,将得到的上路光信号记为信号光 A,其功率为 20 μW,中心频率为 193.92 THz,将得到的下路光信号记为信号光 B,其功率为 20 μW,中心频率为 194.81 THz。信号光 A 经过 3 dB 耦合器(X_Coupler.vtms)后分成两路信号,一路直接输入至上路的波分复用器(WDM_MUX_N_1_Ideal.vtms)中,另一路先经过延时器(DelaySignal.vtms)延时 5 ps,再通过衰减器(Attenuator.vtms)将其功率减小 3 dB 后输入至下路的波分复用器中;信号光 B 经过 3 dB 耦合器后分成两路信号,一路直接输入至下路的波分复用器中,另一路先经过延时器延时 5 ps,再通过衰减器将其功率减小 3 dB 后输入至上路的波分复用器中。此外,连续波激光器(LaserCW.vtms)发射一路频率为 193.55 THz、平均功率为 1 μW 的连续光信号至 3 dB 耦合器,并将得到的两路光信号同时输入至上下两路的波分复用器中。波分复用器输出的两路信号在通过上下两臂的 SOA(AmpSOA.vtms)后作为耦合器的两路输入,信号在耦合器中干涉后,将耦合器的输出信号输入到中心频率为 193.55 THz 的带通滤波器(FilterOpt.vtms)中。此外,分别将信号分析仪(SignalAnalyzer.vtms)连接在两个高斯脉冲生成器以及带通滤波器后,以观察到信号光 A、信号光 B 和输出信号的波形。

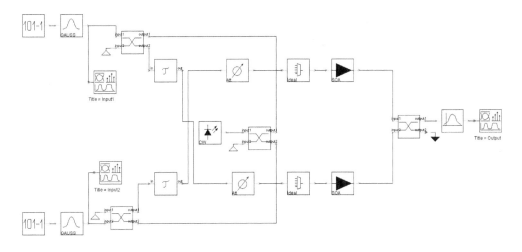

图 3-8 利用 VPItransmissionMaker 搭建的异或门结构

图 3-9 展示了 40 Gbit/s 速率下异或门的输入与输出信号波形。图中从上至下依次为信号光 A、信号光 B 和输出信号的波形,可以看出,当信号光 A 和信号光 B 的数据均为"0"或者均为"1"时,输出信号为"0";当信号光 A 和信号光 B 中有一路信号为"1",另一路信号为"0"时,输出为"1",这证实了该结构能够实现异或逻辑运算。

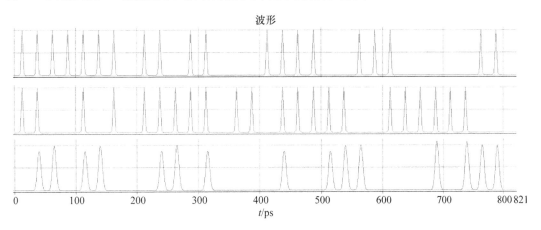

图 3-9 40 Gbit/s 速率下异或门的输入与输出信号波形

3.2.2 基于 SOA 的全光与门

基于推挽式 SOA-MZI 的全光与门的原理如图 3-10 所示[22]。数据序列 A 作为泵浦光先输入至端口 1,并在时间差 τ 后输入至端口 2,如图中虚线所示。在数据序列 A 输入到端口 1 的同时,数据序列 B 作为探测光输入至端口 3,如图中实线所示。

当数据序列 A 为"0"时,无论数据序列 B 为"0"还是"1",上下两臂的相位变化都一致,因此输出均为"0"。而当数据序列 A 和数据序列 B 均为"1"时,上臂中的 SOA 先由于数据序列 A 的输入产生了相位变化,打开了开关窗口,在 τ 之后数据序列 A 输入到下臂中的

SOA,相位差恢复为 0,因此开关窗口关闭。这导致在波长 λ_3 处产生了脉冲,此时 SOA-MZI 的输出为"1"。综上所述,该方案能够实现与逻辑。

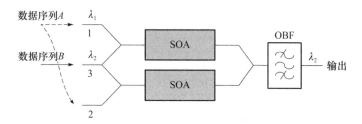

图 3-10   基于推挽式 SOA-MZI 的全光与门

图 3-11 为利用 VPItransmissionMaker 搭建的与门模块的结构图。首先,分别利用两个伪随机二进制序列生成器(PRBS. vtms)生成两路 32 位的二进制序列,并输入到对应的光高斯脉冲生成器(PulseGaussOpt. vtms)中对其进行直接调制。将得到的上路光信号记为信号光 A,其功率为 10 μW,中心频率为 194.81 THz,将得到的下路光信号记为信号光 B,其功率为 1 μW,中心频率为 193.55 THz。其中泵浦光经过 3 dB 耦合器(X_Coupler. vtms)后分成两路信号,一路直接输入至上路的波分复用器(WDM_MUX_2_1. vtms)中,另一路先经过延时器(DelaySignal. vtms)延时 6 ps,再通过衰减器(Attenuator. vtms)将其功率减小 3 dB 后输入至下路的波分复用器中;探测光经过 3 dB 耦合器后,两路信号同时输入至上下路的波分复用器中。波分复用器输出的两路信号在通过上下两臂的 SOA(AmpSOA. vtms)后作为耦合器的两路输入,信号在耦合器中干涉后,将耦合器的输出通过带通滤波器(FilterOpt. vtms),滤波器的中心频率为 193.55 THz。此外,分别将信号分析仪(SignalAnalyzer. vtms)连接在两个高斯脉冲生成器以及带通滤波器后,以观察到信号光 A、信号光 B 和输出信号的波形。图 3-12 展示了 40 Gbit/s 速率下与门的输入与输出信号波形。图中从上至下依次为信号光 A、信号光 B 和输出信号的波形,可以看出,只有当信号光 A 和信号光 B 的数据均为"1"时,输出信号为"1";否则,输出信号均为"0",这证实了该结构能够实现与逻辑运算。

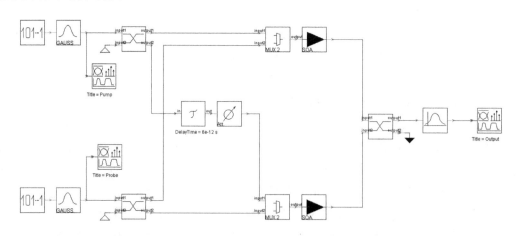

图 3-11   利用 VPItransmissionMaker 搭建的与门结构

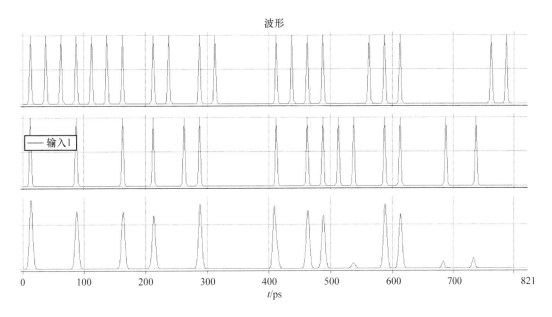

图 3-12　40 Gbit/s 速率下与门的输入与输出信号波形

3.2.3　基于 SOA 的全光再生器

图 3-13 所示为基于推挽式 SOA-MZI 的再生器原理图。波长为 λ_1 的信号恶化数据序列 A 作为泵浦光先输入至端口 1，并在时间差 τ 后输入至端口 2，如图中虚线所示。在数据序列 A 输入到端口 1 的同时，波长为 λ_2 的连续光作为探测光输入至端口 3，如图中实线所示。

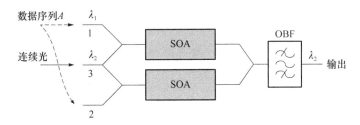

图 3-13　基于推挽式 SOA-MZI 的再生器

数据序列 A 为"1"时，上臂中的 SOA 首先发生相位变化，同时下臂中的 SOA 没有受到影响，使得开关窗口打开，此时连续光可以通过。经过一定时间 τ 后，下臂中的 SOA 也发生相位变化，恢复相位差为 0，导致开关窗口关闭，输出端的连续光发生相干相消，没有信号输出，这样连续光会携带输入序列 A 的信息。通过增加数据序列 A 的功率到一定程度，SOA 进入饱和状态，此时连续光的输出功率不再受数据序列 A 功率变化的影响，实现了信号整形功能。此外，信号波长由 λ_1 变为 λ_2，因此该方案还实现了波长转换的功能。综上所述，该结构既具有信号再生功能，又实现了波长转换的功能[22]。

图 3-14 为使用 VPItransmissionMaker 软件搭建的再生器模块的原理图。首先，在构

建过程中,使用伪随机二进制序列生成器生成一路二进制序列,随后将其直接调制后输入光高斯脉冲生成器。光信号接着被引入非线性 SOA 中,以获取恶化的泵浦光信号,其中信号中心频率为 193.55 THz,但功率存在变化。接下来,恶化的泵浦光经过 3 dB 耦合器分为两路信号:一路直接输入至上路的波分复用器,另一路经过延时器进行延时,然后通过衰减器降低功率 2.5 dB 后输入至下路的波分复用器。同时,连续波激光器释放频率为 194.81 THz 的连续光信号,并输入至 3 dB 耦合器,将得到的两路光信号同时输入至上下两路的波分复用器。波分复用器输出的两路信号经过上下两臂的 SOA 后,作为耦合器的输入,信号在耦合器中干涉后,通过带通滤波器输出,滤波器的中心频率设置为 194.81 THz。此外,为了观察各路信号的波形,信号分析仪连接在上路耦合器前和带通滤波器后,以分别观察恶化的泵浦光和输出信号的波形。

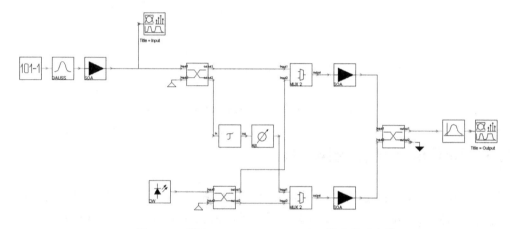

图 3-14 利用 VPItransmissionMaker 搭建的再生器

图 3-15 展示了 40 Gbit/s 速率下再生器的输入与输出信号波形。图中依次呈现了恶化的泵浦光和输出信号的波形,可以观察到,尽管恶化光信号的功率逐渐减小,但再生器的输出光信号能够稳定保持功率水平,满足再生器的需求。此外,恶化泵浦光信号的中心频率为 193.55 THz,而输出信号的中心频率与带通滤波器相匹配,为 194.81 THz,实现了波长转换功能。

波形

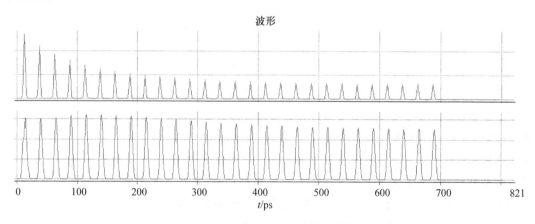

图 3-15 再生器的输入与输出信号波形

3.3 基于 SOA 的串行二进制序列匹配系统

基于 SOA 的串行二进制序列匹配系统采用了固定周期循环 N 次的操作方式,对数据序列和经过预处理的目标序列逐位进行异或运算,然后对所有异或结果进行与运算。系统根据是否有脉冲输出来判断数据序列是否包含目标序列。在每一轮循环中,数据都会向后错位延时一位,而在第 1 个循环中,输入序列则是以全"1"序列初始化。这种错位重复匹配的方法允许在不同时间对相同的器件和设备进行反复利用,有效地降低了系统的成本,同时也更有利于系统的集成。

3.3.1 基本原理

基于推挽式 SOA-MZI 结构的序列匹配系统的原理如图 3-16 所示[22]。该系统主要包含 3 个模块,分别是异或门(XOR)、与门(AND)和再生器(Regen),这三者均采用基于 SOA-MZI 的推挽式结构实现。

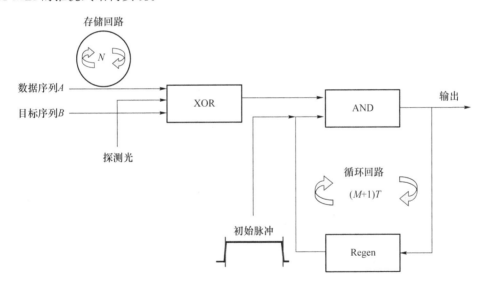

图 3-16　基于推挽式 SOA-MZI 结构的序列匹配系统原理

假设数据序列 A 为 M 位,将其记为 $A=\{a_1\cdots a_i\cdots a_M\}$,并将 N 位的目标序列 B 记为 $B=\{b_1\cdots b_j\cdots b_N\}$,同时将数据序列的位周期记为 T。在进行匹配之前需要对两组序列进行预处理,一方面对目标序列进行预处理,包括对其进行取反操作,记为 $\bar{B}=\{\bar{b}_1\cdots\bar{b}_j\cdots\bar{b}_N\}$,并将其位周期配置为数据序列位周期的 M 倍,即 MT。需要将数据序列循环 N 次,此时得到的两组序列的总长度均为 MNT。此后将循环进行 N 轮的匹配,且每次匹配 M 位。先将数据序列和预处理的目标序列输入系统的异或门,每轮的异或门输出结果依次指示了目标序列的每一位在数据序列中的位置。然后,将该输出序列作为与门的其中一路输入。在数据序列进行第 1 次循环时,与门的另一路输入为一串全"1"序列;在后续循环中,与门的另一路输入是再生器的输出。再生器对输入信号进行放大、整形和波长转换,其和与门构成的循环回路使异或门的第 j 轮循环的输出和与门的第 $j-1$ 轮循环的输出延迟 $M+1$ 位后同时进入与门。因此,第 j 轮循环与门的输出综合了前 j 轮的异或门输出,指示了目标序列前 j 位在数据序列中的位置。在 N 轮循环后,与门输出结果中若存在"1",即存在脉冲输出,则表示数据序列中存在与目标序列中匹配的序列,且存在几个"1"就表示存在几个目标序列。同时,"1"的位置与数据序列中存在的目标序列的最后一位对齐,能够实现数据序列中目标序列的定位。

图 3-17 展示了当数据序列为 $\{1,1,0,0,1,0,1,1,0,0\}$,目标序列为 $\{1,0,1,1\}$ 时,系统中各模块的输出信号。由于数据序列的长度为 10,因此将目标序列的位周期配置为 $10T$,并将目标序列取反为 $\{0,1,0,0\}$。在第 1 轮的匹配中,取处理过的目标序列的第 1 位 $\bar{b}_1=$ "0",并与数据序列进行异或,将得到的异或结果和初始脉冲 $\{1,1,1,1,1,1,1,1,1,1\}$ 同时输入与门中,即可得到第 1 轮匹配的最终输出 $\{1,1,0,0,1,0,1,1,0,0\}$。随后将第 1 轮最终输出通过再生器替代初始脉冲与第 2 轮异或门输出相与,依此类推。由于数据序列中存在一个目标序列,因此经过四轮的循环匹配,最终将输出一个脉冲,且该输出脉冲的位置正好与数据序列中存在的目标序列的最后一位同步。

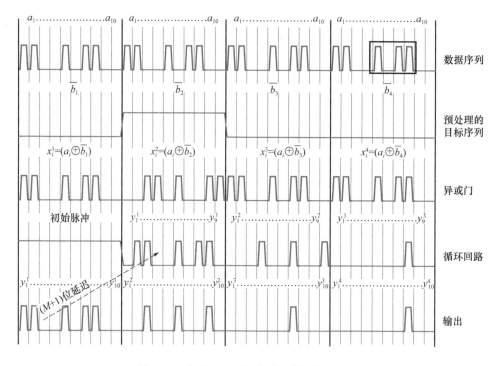

图 3-17　序列匹配系统各模块输出信号波形

3.3.2　仿真结果

利用 VPItransmissionMaker 仿真实现上述的快速序列匹配系统,如图 3-18 所示。该系统能够在 40 Gbit/s 传输速率的 128 位数据信号中识别位数最多为 32 位的目标序列。系

统中利用的异或门、与门和再生器的结构如前所述。同时,各模块之间利用衰减器
(Attenuator. vtms)来保证前一模块输出信号和后一模块输入信号之间的匹配。

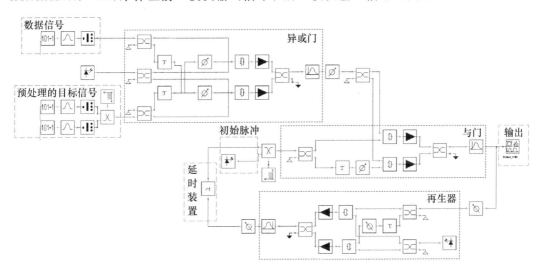

图 3-18   利用 VPItransmissionMaker 的快速序列匹配系统仿真平台

首先,通过一个伪随机二进制序列生成器生成自定义位数的二进制序列作为数据信号,
然后将其传输至光高斯脉冲生成器进行直接调制。在这一过程中,数据信号的功率被设定
为 20 μW,中心频率为 193.92 THz。为了简化操作,针对目标信号,直接生成处理过的目标
信号,即对数据信号取反,并设置其周期为数据信号周期的 M 倍。具体地,在图中展示的过
程中,采用两个伪随机二进制序列生成器,一个用于生成 M 位的全"1"序列,另一个则用于
生成 M 位的全"0"序列,这两路序列被输入到光高斯脉冲生成器中,分别生成全"1"信号和
全"0"信号。这两路信号的中心频率都被设定为 194.81 THz,而全"1"信号的功率为
20 μW。生成的两路信号接着被传送至信号重复器进行 N 次循环重复,然后作为 Y 型可控
开关的两路输入信号。同时,矩形波生成器作为目标序列的配置端,其输出信号被用来控制
Y 型可控开关的选择,以获取所需的经过预处理的目标信号。最后,数据信号和预处理后的
目标信号将同时输入到异或门模块中。

同时,利用伪随机二进制序列生成器和光高斯脉冲生成器生成一路全"1"信号,作为与
门模块第 1 轮循环时的输入。随后的循环中,采用再生器模块的输出信号作为与门模块的
输入。这个步骤通过矩形波生成器来配置 Y 型可控开关的选择路径。此外,再生器模块和
与门模块之间设置了延时器,用于延迟一个位周期时间或一个逻辑单位,以确保前一轮与门
模块的输出能够正确匹配当前轮次与门模块的输出。最终,为了观察每个轮次的输出信号,
需要连接信号分析仪到与门模块的输出端。

首先仿真了快速序列匹配系统处理 10 Gbit/s 输入信号的工作性能,并在图 3-19 中显
示了结果。图 3-19(a)和图 3-19(b)显示了在 128 位数据信号中匹配 4 位和 16 位目标信号
时各轮次的信号输出。在最后一轮匹配中,均产生了脉冲输出,且脉冲输出的位置与目标序
列在数据信号中的位置一一对应,与预期结果一致。以图 3-19(a)为例,在第 1 轮匹配中,脉

冲输出显示了目标序列的首位"1"在数据信号中的位置;第 2 轮匹配中,脉冲输出显示了目标序列的前两位"10"中最后一位"0"在数据信号中的位置;依此类推,在第 4 轮匹配中,脉冲输出显示了目标序列"1001"中最后一位"1"在数据信号中的位置。值得一提的是,由于数据信号中出现了两次目标序列,因此最终输出了两个脉冲。

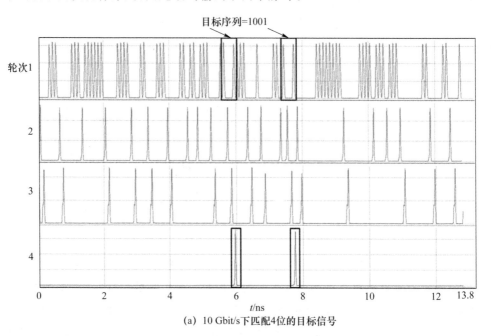

(a) 10 Gbit/s下匹配4位的目标信号

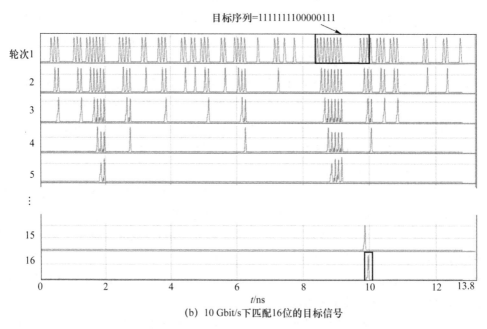

(b) 10 Gbit/s下匹配16位的目标信号

图 3-19 工作速率为 10 Gbit/s 的快速序列匹配系统仿真结果

工作速率为 40 Gbit/s 的快速序列匹配系统的仿真结果如图 3-20 所示。其中图 3-20(a)和

图 3-20(b)分别为在 128 位的数据信号中匹配 8 位和 32 位的目标信号的各轮次的信号输出图。可以看出,最终输出的脉冲同样正确地出现在了数据信号中目标序列的最后一位。综上所述,基于推挽式 SOA-MZI 结构的序列匹配系统成功在最高达 40 Gbit/s 的数据序列中匹配出目标序列,并且获得了很好的消光比,有效地克服了载流子恢复速度问题。

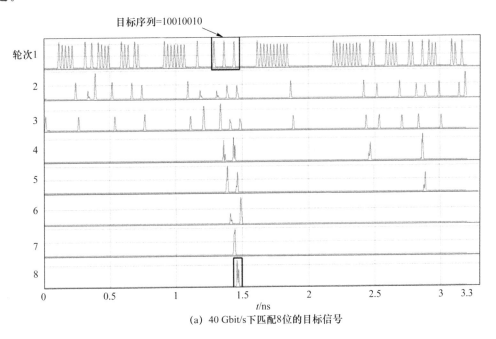

(a) 40 Gbit/s下匹配8位的目标信号

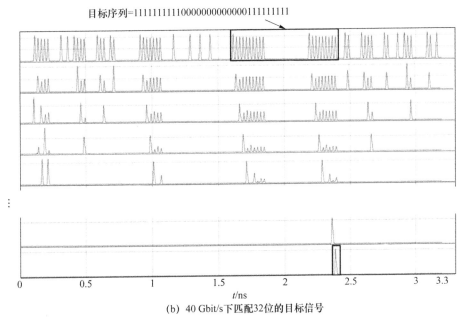

(b) 40 Gbit/s下匹配32位的目标信号

图 3-20　工作速率为 40 Gbit/s 的快速序列匹配系统仿真结果

3.4　基于 **SOA** 的并行二进制序列匹配系统

前一节中提及的序列匹配系统通过对数据序列按固定周期循环 N 次进行处理,依次将预处理的目标序列的每一位与之异或,最终将所有异或结果相与,根据脉冲输出情况判断数据序列是否包含目标序列。然而,这种重复的异或操作和循环相与匹配序列显著增加了匹配时间,导致效率降低。鉴于上述问题,本节介绍一种并行处理的序列匹配系统。该系统仅需进行一次异或操作,并采用并行相与来实现序列匹配,可以有效提升匹配效率。

3.4.1　基本原理

并行匹配结构的设计原则是通过增加更多的并行处理逻辑单元,有效减少串行过程中某些逻辑操作的重复时间。这样,匹配系统中的每个逻辑门就不再需要重复使用,而每一位的逻辑匹配可以同时在不同的逻辑处理单元中进行。该并行处理的序列匹配系统如图 3-21 所示。该系统可以分为 4 个关键模块:控制器、备选序列生成模块、预处理模块以及与门阵列。这种系统设计方案有助于提高匹配效率,减少重复操作的时间成本[22]。

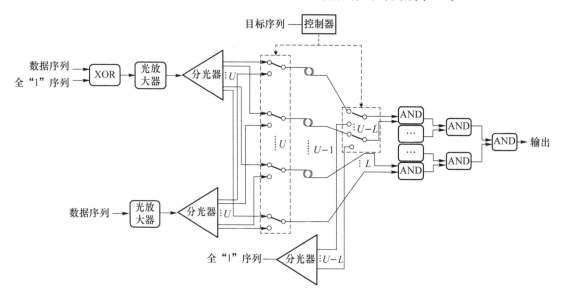

图 3-21　并行处理的序列匹配系统结构

该系统设计了具有识别介于 L 和 U 之间位数的目标序列的功能。其中,待匹配的目标序列长度为 N,标记为 $B=\{b_1\cdots b_j\cdots b_N\}$,而数据序列的长度为 M,标记为 $A=\{a_1\cdots a_i\cdots a_M\}$。控制器被用于配置第一光开关阵列和第二光开关阵列,以适应目标序列的要求。备选序列生成模块由异或门、两个光放大器和两个分光器组成,旨在产生 $2\times U$ 条备选序列。预处理模块包含第一光开关阵列、第二光开关阵列以及 $U-1$ 个延时电路。第一光开关阵列包括 U 行 1 列的二选一光开关,用于在备选序列中选择目标序列。第二光开关阵列包括 $U-L$ 行 1 列的二选一光开关,用于实现可变目标序列的匹配。每个延时电路拥有独立的延迟时长设置。延时阵列由 $U-1$ 个延时电路组成,每个延时电路具有不同的延迟时长,按照递减顺序排列,最后一路序列不需要延迟。第 1 个延时电路的延迟时长为 $(U-1)L$,第 2 个延时电路的延迟时长为 $(U-2)T$,依此类推,最后一个延时电路的延迟时长为 T。与门阵列包含 U 个输入端口和 1 个输出端口,可对 U 路序列进行与操作。整体设计旨在提高匹配效率,减少重复操作的时间成本。

为实现目标序列的匹配,系统采用了控制器配置第一光开关阵列和第二光开关阵列的方法,以确保能够匹配不同长度的目标序列。同或门、光放大器和分光器被用来生成备选序列,而第一光开关阵列和延时电路则用于从备选序列中提取待匹配序列,最后通过并行相与的方式来判断数据序列中是否包含目标序列。在进行匹配前,首先根据目标位数来配置第一光开关阵列和第二光开关阵列,以确保正确选路。控制器根据目标序列的位数和每位数据向第一光开关阵列中的可控光开关发送配置命令,确保目标序列的每一位数据能够正确选择对应的输入序列或输出序列。例如,如果目标序列的数据为"1",则相应的光开关将接收到配置命令 $C=$"1",从而选择数据序列;如果目标序列的数据为"0",则接收到配置命令 $C=$"0",从而选择异或门模块的输出序列。另外,根据目标序列的位数,控制器也会配置第二光开关阵列中的 $U-L$ 个可控光开关。在目标序列长度 N 为系统设置的最小可匹配目标序列长度 L 时,$U-L$ 个可控光开关会接收到配置命令 $C=$"1",选择全"1"序列;当 N 为系统设置的最大可匹配目标序列长度 U 时,$U-L$ 个可控光开关会接收到配置命令 $C=$"0",选择对应延迟模块的输出序列;而如果目标序列的长度 N 介于 U 和 L 之间,则前 $U-N$ 个可控光开关会接收到配置命令 $C=$"1",而其余 $N-L$ 个可控光开关会接收到配置命令 $C=$"0"。以上配置确保了系统能够有效地处理不同长度的目标序列,从而提高匹配效率。

配置完光开关阵列后,数据即可被输入系统进行处理。数据序列有两种处理方式:一方面,数据序列直接输入系统,以确定目标序列中的"1"在数据序列中的位置;另一方面,数据序列经过异或门与全"1"序列进行异或操作,异或门的输出将指示目标序列中的"0"在数据序列中的位置。接着,经过分光器分为 U 路序列,然后两两配对作为第一光开关阵列中 U 个可控光开关的输入。第一光开关阵列根据预先设定的配置选择输入信号的路径,并将获取的 U 路序列传递至延时阵列。随后,后 N 路输出序列将展示目标序列在数据序列中的位置。前 $U-L$ 路序列被输入至第二光开关阵列,根据预先设定的配置,第二光开关阵列选择输入序列的路径。最后,第二光开关阵列的输出和后 L 路序列作为待匹配序列同时输入至与门阵列中。与门阵列有 U 个输入端口和 1 个输出端口,能够对 U 路输入序列进行与操作。仅当 U 路序列的某一数据位同时为"1"时,输出才为"1",否则输出为"0"。最终,若与门阵列输出脉冲,表示数据序列中存在目标序列,输出的脉冲数表示数据序列中包含的目标序列数量,最后一个目标序列在数据序列中的位置由脉冲位置确定;如果没有脉冲输出,则数据序列中不包含目标序列。这一设计方案有效提高了匹配效率,确保系统能够准确地识别目标序列在数据序列中的位置。

3.4.2 仿真结果

VPItransmissionMaker 仿真实现的并行处理的序列匹配系统如图 3-22 所示。该系统能够在传输速率为 10 Gbit/s 或 40 Gbit/s 时处理 128 位数据信号,并能够识别长达 8 位的目标序列,同时将最小匹配位数设定为 $L=2$。系统所采用的异或门、与门和再生器的结构与之前提到的相同(其中波长转换器模块采用再生器结构,因其主要功能为波长转换,故被称为波长转换器)。此外,为确保前一模块的输出信号与后一模块的输入信号匹配,各个模块之间需要使用衰减器。这一设计可确保系统各部分之间的信号传输顺畅,从而提高匹配系统的效率和准确性。

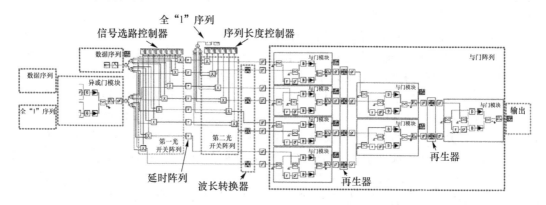

图 3-22　利用 VPItransmissionMaker 搭建的并行序列匹配系统

首先,数据信号需要通过一个伪随机二进制序列生成器(PRBS.vtms)生成用户指定位数的二进制序列,然后输入到光高斯脉冲生成器(PulseGaussOpt.vtms)中进行直接调制。数据信号的功率设置为 $20\,\mu W$,中心频率为 $193.55\,THz$。与此同时,输入至异或门的全"1"信号功率为 $1\,\mu W$,中心频率为 $194.81\,THz$;而输入至第二光开关阵列的全"1"信号功率为 $10\,\mu W$,中心频率为 $193.55\,THz$。在设置时,需要确保信号的传输质量和稳定性,保持各信号的功率和频率一致,从而保证系统的效率和数据处理的准确性。

一方面,数据信号被直接输入到分光器。为了匹配最大 8 位的目标序列,采用了 1 个一分二分光器(Fork_2.vtms)和 2 个二分四分光器(Fork_4.vtms),实现 8 路分光。另一方面,数据信号与全"1"序列一起输入至异或门,将异或结果分别送入 1 个一分二分光器和 2 个一分四分光器,以实现 8 路分光。这些信号两两配对,作为每个 Y 型可控开关(SwitchDOS_Y_Select.vtms)的两路输入。进一步,8 个矩形波生成器分别作为可控开关的信号选路控制器,左至右依次配置目标序列的不同位数据,确保信号传输正确。前七路输出信号先经延时阵列处理,再输入第二光开关阵列。延时阵列包含 7 个延时器,严格按照从上至下递减的顺序配置延时时长。对于 $10\,Gbit/s$ 信号,每个延时器的延时时长分别为 $700\,\mu s$、$600\,\mu s$,依此类推;对于 $40\,Gbit/s$ 信号,分别为 $175\,\mu s$、$150\,\mu s$,依此类推。第二光开关阵列和序列长度控制器用于配置目标序列的长度。考虑到最低匹配位数为 2,第二光开关阵列中设有 6 个 Y 型可控开关,由 6 个矩形波生成器作为序列长度控制器。当目标序列长度小于 8 位时,需要将矩形波生成器的输出设置为"0",以确保对应的 Y 型可控开关选择全"1"信号作为输出。例如,若目标序列长度为 4 位,则需要将左边 4 个矩形波生成器的输出设置为"0",前四路可控开关输出全"1"信号,其余信号则按原样输出,实现对 4 位目标序列的匹配。

当前情况下,8 路信号的中心频率均为 $193.55\,THz$。然而,与门要求输入的两路信号必须具有不同的中心频率,因此需要对其中的四路信号进行波长转换,将它们的中心频率调整为 $194.81\,THz$。为了实现最佳效率,采用并行级联结构的与门阵列。波长转换后的四路信号和未转换的四路信号被两两配对,分别输入到第 1 级的 4 个与门。第 1 级与门的四路输出经过再生器放大再生,作为第 2 级的 2 个与门的输入。第 2 级与门及第 3 级与门的连接方式与之类似。最后,为便于准确观察输出信号,连接信号分析仪(SignalAnalyzer.
vtms)至与门阵列中各与门的输出端,以对信号的正确性和稳定性进行分析。

经过并行处理的序列匹配系统在 128 位数据序列中进行了 2 位目标序列的匹配仿真。
结果显示在图 3-23 中,其中图 3-23(a)和图 3-23(b)显示了匹配 10 Gbit/s 和 40 Gbit/s 的目
标序列{1,0}时与门阵列中所有与门的信号输出情况。由于只需匹配两位数据,需要在信
号选路控制器中分别设定最后两个矩形波生成器为"1"和"0",而序列长度控制器中的矩形
波生成器均设为"0"。在此情况下,第一光开关阵列的前六个光开关将选择全"1"信号作为
输入,而后两个光开关将根据目标序列选择数据信号和异或门的输出信号。最终,数据信号
中存在 5 个目标序列,第 3 级与门输出了 5 个脉冲,这些脉冲位置与目标序列的最后一位在
数据信号中的位置对齐,符合预期输出结果。

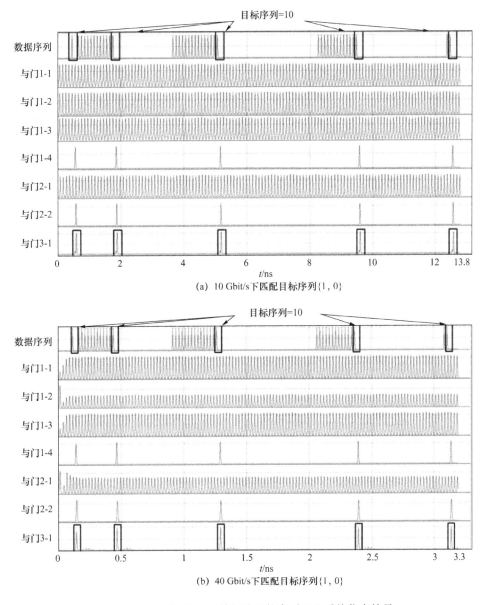

(a) 10 Gbit/s下匹配目标序列{1, 0}

(b) 40 Gbit/s下匹配目标序列{1, 0}

图 3-23　目标序列{1,0}并行处理的序列匹配系统仿真结果

　　经过并行处理的序列匹配系统在 128 位数据序列中进行了 4 位目标序列的匹配仿真。相关结果如图 3-24 所示,数据序列与匹配 2 位时相同。图 3-24(a)和图 3-24(b)显示了系统在匹配 10 Gbit/s 和 40 Gbit/s 的目标序列{1,1,0,0}时与门阵列中所有与门的信号输出。为了配置系统以匹配目标序列,需要设置信号选路控制器中后四个矩形波生成器为"1""1""0"和"0",同时在序列长度控制器中将后两个矩形波生成器均设为"1"。在这种情况下,第一光开关阵列的前四个光开关将选择全"1"信号作为输入。数据信号中包含 4 个目标序列,因此第 3 级的与门输出了 4 个脉冲,这些脉冲与目标序列的最后一位在数据信号中的位置对齐,符合预期输出结果。

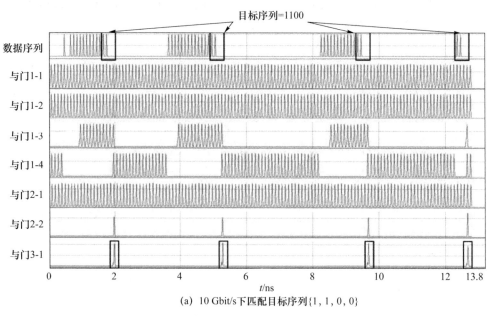

(a) 10 Gbit/s下匹配目标序列{1, 1, 0, 0}

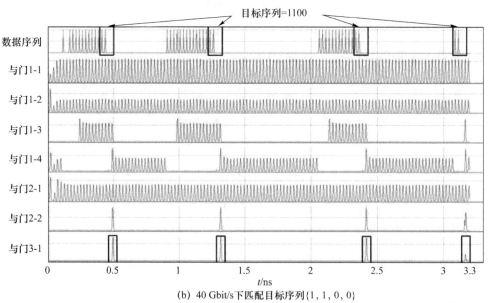

(b) 40 Gbit/s下匹配目标序列{1, 1, 0, 0}

图 3-24　目标序列{1,1,0,0}并行处理的序列匹配系统仿真结果

经过并行处理的序列匹配系统在 128 位数据序列中进行了 6 位目标序列的匹配仿真,相关结果如图 3-25 所示。图 3-25(a)和图 3-25(b)显示了系统在匹配 10 Gbit/s 和 40 Gbit/s 的目标序列{1,1,0,1,0,1}时与门阵列中所有与门的信号输出。为了配置系统以匹配目标序列,需要设置信号选路控制器中后六个矩形波生成器为"1""1""0""1""0"和"1",同时在序列长度控制器中将后四个矩形波生成器均设为"1"。在这种情况下,第一光开关阵列的前两个光开关将选择全"1"信号作为输入。数据信号中包含了 2 个目标序列,因此第 3 级的与门输出了 2 个脉冲,这些脉冲与目标序列的最后一位在数据信号中的位置对齐,与预期输出结果相符。

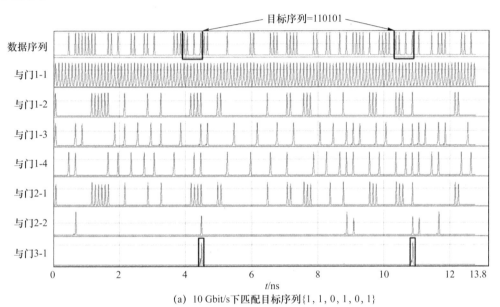

(a) 10 Gbit/s 下匹配目标序列{1,1,0,1,0,1}

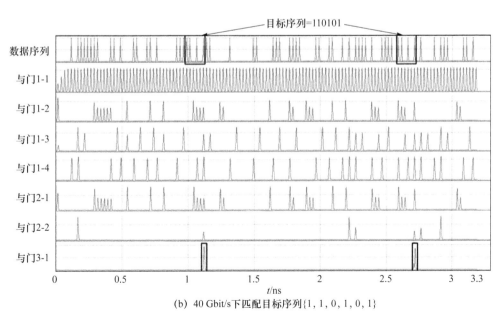

(b) 40 Gbit/s 下匹配目标序列{1,1,0,1,0,1}

图 3-25　目标序列{1,1,0,1,0,1}并行处理的序列匹配系统仿真结果

经过并行处理的序列匹配系统在 128 位数据序列中进行了 8 位目标序列的匹配仿真，相关结果如图 3-26 所示。数据序列与匹配 6 位时相同。图 3-26(a) 和图 3-26(b) 显示了系统在匹配 10 Gbit/s 和 40 Gbit/s 的目标序列{1，0，0，1，0，0，1，1}时与门阵列中所有与门的信号输出。为了匹配系统能匹配的最高位数，选路控制器根据目标序列的选路设定，序列长度控制器全部设为"1"。数据信号中包含了 1 个目标序列{1，0，0，1，0，1，0，1}，因此第 3 级的与门输出了 1 个脉冲，脉冲与目标序列的最后一位在数据信号中的位置对齐，符合预期输出结果。在 40 Gbit/s 信号处理中，消光比略有提升，未引发误判，顺利完成序列匹配。总的来看，该系统仅执行一次异或操作，减少了重复操作，并通过并行相与的匹配序列，缩短了匹配时间，提高了匹配效率。

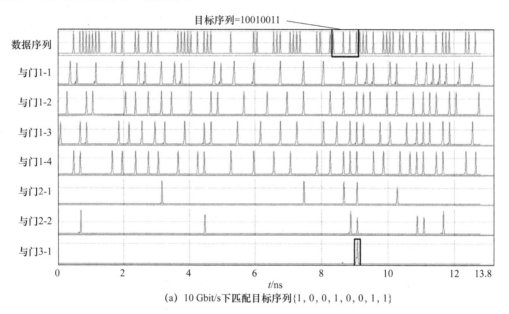

(a) 10 Gbit/s下匹配目标序列{1，0，0，1，0，0，1，1}

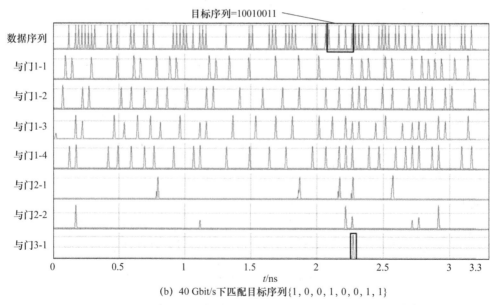

(b) 40 Gbit/s下匹配目标序列{1，0，0，1，0，0，1，1}

图 3-26 目标序列{1,0,0,1,0,0,1,1}并行处理的序列匹配系统仿真结果

3.5　本章小结

　　本章详细介绍了基于 SOA 的二进制序列匹配系统,旨在实现在 128 位数据序列中匹配不同长度的目标序列。首先,本章对半导体光放大器进行了深入讨论,重点介绍了利用 SOA 作为全光逻辑门相对于其他非线性器件的优点,如易于集成、低功耗以及多种非线性效应等特性。其次,本章详细描述了 SOA 的结构和工作原理,特别是其中的 XGM、XPM 和 FWM 等非线性效应,并探讨了增益饱和特性和序列效应对系统的重要性。再次,基于 SOA 的 XPM 效应,本章介绍了推挽式干涉结构,设计各类逻辑模型(包括异或门、与门、再生器),并在 VPItransmissionMaker 中进行了仿真实现。在此基础上,本章引入了基于推挽式 SOA-MZI 结构的串行序列匹配系统,可以有效识别和定位不同长度的目标序列。最后,针对串行序列匹配系统存在的重复异或操作问题,本章提出了并行处理的序列匹配系统,通过仿真成功实现了在 10 Gbit/s 传输速率下对 128 位数据信号中 4 位和 16 位目标序列的识别,以及在 40 Gbit/s 传输速率下对 128 位数据信号中 8 位和 32 位目标序列的识别。

本章参考文献

[1]　SENIOR J M. Optical Fiber Communication Principles and Practice[M]. 3rd ed. Essex: Prentice Hall, 2010: 281-282.

[2]　CONNELLY M J. Semiconductor Optical Amplifiers[M]. 1st ed. New York: Kluwer Academic, 2004: 8-12.

[3]　唐纳德. 半导体器件物理与器件[M]. 赵毅强,姚素英,解晓东,译. 北京:电子工业出版社,2013: 170-173.

[4]　覃翠. 半导体光放大器的载流子动态特性研究[D]. 武汉:华中科技大学,2013.

[5]　HOUBAVLIS T, ZOIROS K E, KALYVAS M, et al. All-Optical Signal Processing and Applications Within the Esprit Project DO_ALL[J]. Journal of Lightwave Technology, 2005, 23(2): 781-801.

[6]　DURHUUS T, MIKKELSEN B. All-Optical Wavelength Conversion by Semiconductor Optical Amplifiers[J]. Journal of Lightwave Technology, 1996, 14 (6): 942-954.

[7]　KIM J H, JHON Y M, BYUN Y T, et al. All-Optical XOR Gate Using Semiconductor Optical Amplifiers Without Additional Input Beam[J]. IEEE Photonics Journal, 2002, 14(10): 1436-1438.

[8]　KIM S H, KIM J H, YU B G, et al. All-Optical NAND Gate Using Cross-Gain Modulation in Semiconductor Optical Amplifiers[J]. Electronics Letters, 2005, 41 (18): 1027-1028.

[9]　赵婵,张新亮,董建绩,等. 基于同一结构实现全光逻辑"与门"和"或非门"的研究

[J]. 物理学报，2006(8)：4150-4155.

[10] BINTJAS C, KALYVAS M. 20 Gbit/s All-Optical XOR with UNI Gate[J]. IEEE Photonics Journal, 2000, 12(7): 834-836.

[11] FJELDE T, WOLFSON D, KLOCH A, et al. 10 Gbit/s All-Optical Logic OR in Monolithically Integrated Interferometric Wavelength Converter[J]. Electronics Letters, 2000, 36(9): 813-815.

[12] EL-SAEED E M, EL-AZIZ A A, FAYED H A, et al. Optical Logic Gates Based on Semiconductor Optical Amplifier Mach-Zehnder Interferometer: Design and Simulation[J]. Optical Engineering, 2016, 55(2): 1-12.

[13] NAKAMURA S, UENO Y, TAJIMA K. 168 Gbit/s All-Optical Wavelength Conversion with a Symmetric-Mach-Zehnder-Type Switch[J]. IEEE Photonics Journal, 2001, 13(10): 1091-1093.

[14] RANDEL S, MELO A M D, PETERMANN K, et al. Novel Scheme for Ultrafast All-Optical XOR Operation[J]. Journal of Lightwave Technology, 2005, 22(12): 2808-2815.

[15] WEBB R P, MANNING R J, MAXWELL G D, et al. 40 Gbit/s All-Optical XOR Gate Based on Hybrid-Integrated Mach-Zehnder Interferometer[J]. Electronics Letters, 2003, 39(1): 79-81.

[16] CHEN H, ZHU G, WANG Q, et al. All-Optical Logic XOR Using Differential Scheme and Mach-Zehnder Interferometer[J]. Electronics Letters, 2002, 38(21): 1271-1273.

[17] DENG N, CHAN K, CHAN C K, et al. An All-Optical XOR Logic Gate for High-Speed RZ-DPSK Signals by FWM in Semiconductor Optical Amplifier[J]. IEEE Journal of Selected Topics in Quantum Electronic, 2006, 12(4): 702-707.

[18] NESSET D, COTTER D, TATHAM M C. All-Optical AND Gate Operating on 10 Gbit/s Signals at the Same Wavelength Using Four-Wave Mixing in a Semiconductor Laser Amplifier[J]. Electronics Letters, 1995, 31(11): 896-897.

[19] KUMAR S, WILLNER A E. Simultaneous Four-Wave Mixing and Cross-Gain Modulation for Implementing an All-Optical XNOR Logic Gate Using a Single SOA [J]. Optics Express, 2006, 14(12): 5092-5097.

[20] MECOZZI A, MORK J. Saturation Induced by Picosecond Pulses in Semiconductor Optical Amplifiers[J]. Journal of the Optical Society of America B, 1997, 14(4): 761-770.

[21] JENNEN J G L, TIEMEIJER L F, LIEDENBAUM C T H F, et al. Performance of Cascaded 1300 nm QW Laser Amplifiers in 10 Gbit/s Long Haul NRZ Transmission[J]. Optical Amplifiers and Their Applications, 1995, 18 (7): 123-126.

[22] 郭俊峰. 基于快速序列匹配的光子防火墙技术研究[D]. 北京：北京邮电大学，2020.

第 4 章

基于 HNLF 的全光二进制序列匹配系统

4.1　HNLF 中的非线性效应

非线性效应是光纤传输系统中普遍存在的现象。当强光输入到非线性介质中时，传输介质会产生非线性偏振，从而导致光纤的折射率发生变化。折射率的变化会引起信号光的相位、频率、偏振态和功率的变化[1]。自相位调制（Self-Phase Modulation，SPM）、XPM 以及 FWM 是光传输系统中常见的非线性效应。对这些非线性效应有很多研究。在文献[2]中，在 4.7 千米的少模光纤中，两种模态-交叉相位调制（MI-XPM）和模态-四波混频（MI-FWM）在几个太赫兹波长间隔的分离光波之间被观察到。在光信号的传输过程中，非线性效应会对通信系统产生不利的影响，因此需要减弱非线性效应。如何减小远程光通信系统中的非线性效应是目前的研究重点。在文献[3]中，Liu 等利用广义相共轭双波技术有效地减轻了通道间的非线性损伤。同时，由于非线性效应会改变光信号的相位、频率等特性，研究人员可以利用非线性介质对光信号进行处理，且能够起到良好的效果。本章将对 HNLF 中的几种常见的非线性效应进行介绍。

4.1.1　HNLF 中的 SPM 效应和 XPM 效应

由于光纤的折射率具有非线性特性，当光纤中电场强度发生变化时，光纤的折射率随之变化，从而导致光纤中传输信号的相位也发生变化。信号自身场强的变化引起自身相位的变化[4]，这种现象被称为自相位调制（SPM）效应。在单波长通信系统中当光强变化导致相位变化时，SPM 效应使信号频谱逐渐展宽。这种展宽与信号的脉冲形状和光纤的色散有关。在光纤的正常色散区中，由于色散效应的存在，一旦 SPM 引起频谱展宽，沿着光纤传输的信号将产生暂时的较大展宽。但在光纤的异常色散区中，光纤的色散效应和 SPM 效应可能会相互补偿，从而使信号的展宽小一些。在一般情况下，SPM 效应只在高累积色散通信系统或超长传输通信系统中比较明显。受色散限制的系统可能不会容忍 SPM 效应。在信道划分间隔较窄的多通道系统中，由 SPM 引起的频谱展宽可能在相邻信道间产生干扰。

当两束或更多光波（不同频率组分）在同一光纤中传播时，不同频率组分的光波会因为光纤的非线性作用而相互干扰，这时的非线性效应不仅仅包括光波对自身的调制，还有其他光波的光强通过影响光纤介质相对该光波的有效折射率的变化，进而实现对该光波的调制[5]，这就是 XPM 效应。由于折射率与光强之间的依赖关系，因此在脉冲持续时间脉冲的峰值会因为折射率的变化在前后边沿处产生延迟，从而出现相移。这种相移随着传输距离的增加而累积起来，达到一定距离后显示出相当规模的相位调制，这会导致光谱展宽，进而引起脉冲展宽。根据这种相位调制特性能够设计相应的逻辑功能以实现全光逻辑处理。

下面将考虑两个频谱不交叠的传输脉冲间的 XPM 互作用引起的频域和时域的变化。为简单起见，假设入射脉冲传输时偏振保持不变，并忽略偏振的影响。下面的两个公式可描述两束波沿光纤的变化情况，其中包括群速度失配效应、SPM 效应以及 XPM 效应[4-5]，忽略光纤损耗。

$$\frac{\partial A_1}{\partial z} + \frac{i}{2}\beta_{21}\frac{\partial^2 A_1}{\partial T^2} = i\gamma_1(|A_1|^2 + 2|A_2|^2)A_1 \tag{4-1}$$

$$\frac{\partial A_2}{\partial z} + d\frac{\partial A_2}{\partial T} + \frac{i}{2}\beta_{22}\frac{\partial^2 A_2}{\partial T^2} = i\gamma_2(|A_2|^2 + 2|A_1|^2)A_2 \tag{4-2}$$

其中：A_1，A_2 是以群速率 υ_{g1}，υ_{g2} 运动的脉冲在运动坐标系中的时间变量，参量 d 是两脉冲间群速率失配的量度[6]。引入参量走离长度 L_W 和色散长度 L_D：

$$L_W = \frac{T_0}{|d|}, \quad L_D = \frac{T_0}{|\beta_{21}|} \tag{4-3}$$

按照 L_W 和 L_D 以及光纤长度 L 相对大小的不同，两脉冲的变化有很大差别。对于超短脉冲（$T_0 < 10$ ps）的情况，群速度色散（GVD）项也应考虑进去，这样 XPM 将同时影响脉冲的形状和频谱。

当 $L \ll L_D$ 时，式(4-1)和式(4-2)中的二次微分可忽略，假设 $L_W < L$，通过参数 d 将群速率失配包括进去。这里，先讨论在无 GVD 时脉冲形状不变的简单情况，式(4-1)和式(4-2)可解析求解。$z = L$ 处的通解为

$$A_1(L,T) = A_1(0,T)\exp(i\phi_1), \quad A_2(L,T) = A_2(0,T-Ld)\exp(i\phi_2) \tag{4-4}$$

在式(4-4)中，与时间有关的非线性相移由式(4-5)和式(4-6)得到

$$\phi_1(T) = \gamma_1\left[L|A_1(0,T)|^2 + 2\int_0^L |A_2(0,T-zd)|^2 \mathrm{d}z\right] \tag{4-5}$$

$$\phi_2(T) = \gamma_2\left[L|A_2(0,T)|^2 + 2\int_0^L |A_1(0,T-zd)|^2 \mathrm{d}z\right] \tag{4-6}$$

式(4-4)～式(4-6)的物理意义很清楚，当脉冲通过光纤时，由于折射率与强度有关，脉冲相位受到调制。相位调制有两个原因，式(4-5)和式(4-6)的第 1 项由 SPM 效应引起[4]，第 2 项则源于 XPM 效应[5]。由于群速率失配，XPM 的作用沿光纤长度方向是变化的，对相位总的贡献可通过在光纤长度上的积分得到[6]。

对于特殊的脉冲形状通过使用式(4-5)和式(4-6)中的积分能够获得。以典型的高斯脉冲为例，考虑两个具有相同脉冲宽度 T_0 的无啁啾的脉冲，初始的脉冲振幅可以表达为

$$A_1(0,T) = \sqrt{P_1}\exp\left(-\frac{T^2}{2T_0^2}\right), \quad A_2(0,T) = \sqrt{P_2}\exp\left(-\frac{(T-T_d)^2}{2T_0^2}\right) \tag{4-7}$$

其中：P_1 和 P_2 是两个脉冲的峰值功率，T_d 是两脉冲之间的初始的时间延迟。将式(4-7)带入式(4-5)中，可得 XPM 产生的非线性相位为

$$\phi_1(\tau) = \gamma_1 L \left\{ P_1 e^{-\tau^2} + P_2 \frac{\sqrt{\pi}}{\delta} \big[\mathrm{erf}(\tau - \tau_d) - \mathrm{erf}(\tau - \tau_d - \delta) \big] \right\} \tag{4-8}$$

式(4-8)中,$\mathrm{erf}(x)$代表误差函数,且

$$\tau = \frac{T}{T_0}, \quad \tau_d = \frac{T_d}{T_0}, \quad \delta = \frac{dL}{T_0} \tag{4-9}$$

对于$\phi_2(\tau)$,利用式(4-6)可得到类似的表达式。

与时间有关的相位偏移可以被考虑为频谱的展宽。与单独 SPM 作用时的情形类似,在 SPM 和 XPM 的共同作用下每个脉冲的频谱将发生展宽,并且进一步生成相应的多峰脉冲结构,其形状由 SPM 和 XPM 的联合作用所决定[4-6]。

通过考虑 XPM 引起的频率啁啾,可以定性地理解频谱特性。对脉冲A_1有

$$\Delta v_1(t) = \frac{-1}{2\pi} \frac{\partial \phi_1}{\partial T} = \frac{\gamma_1 L}{\pi T_0} \left\{ P_1 e^{-\tau^2} - \frac{P_2}{\delta} \big[\exp(-(\tau - \tau_d)^2) - \exp(-(\tau - \tau_d - \delta)^2) \big] \right\}$$

$$\tag{4-10}$$

在式(4-10)中用到了式(4-8)的内容。可以看到式(4-10)右边括号里带P_1的项表示由 SPM 所致的啁啾,带P_2的项表示由 XPM 所致的啁啾。

假设两个脉冲在开始时是完全不重叠的,二者之间存在一个相对的时间延迟T_d,为了显示 XPM 对脉冲的影响,本书重点考虑了泵浦-探测波结构这种特殊情况,假设$P_1 \ll P_2$(脉冲 1 作为探测光,脉冲 2 作为泵浦光),忽略 SPM 效应对脉冲产生的影响,且假设$L \ll L_w$,由式(4-10)可得到,泵浦在探测脉冲上产生相应的啁啾。

$$\Delta v_1(t) = \mathrm{sgn}(\delta) \Delta v_{\max} \big[\exp(-(\tau - \tau_d)^2) - \exp(-(\tau - \tau_d - \delta)^2) \big] \tag{4-11}$$

在式(4-11)中,$\Delta v_{\max}$是 XPM 效应下所产生的啁啾的最大值,由式(4-12)给出

$$\Delta v_{\max} = \frac{\gamma_2 P_2 L}{\pi T_0 |\delta|} = \frac{\gamma_2 P_2 L_w}{\pi T_0} \tag{4-12}$$

$\Delta v_{\max}$的大小由光纤的走离长度L_w而不是实际长度L所决定,因为只有两个脉冲发生交叠的时候 XPM 才会在二者之间产生互作用;同时,$\Delta v_{\max}$还取决于泵浦光的功率P_2和脉宽T_0以及光纤的非线性系数。

4.1.2 HNLF 中的 FWM 效应

FWM 是一种典型的基于三阶光学的非线性效应。在同一个光纤内至少有两个不同频率分量的光束进行传播时就有可能发生 FWM 效应[6-7]。假设输入的光束中有两个频率分量分别为f_1和$f_2(f_2 > f_1)$,考虑到差频的折射率调制作用的存在,光束中会产生两个新的频率分量:$f_3 = f_1 - (f_2 - f_1) = 2f_1 - f_2$和$f_4 = f_2 + (f_2 - f_1) = 2f_2 - f_1$。如果光束中原本就存有频率为$f_3$或$f_4$的信号分量$v_3$或$v_4$,则 FWM 效应表现为$v_3$或$v_4$被放大,即这两个频率分量经历了 FWM 效应的参量放大。当 FWM 作用涉及 4 个不同的频率分量时,其被称为非简并 FWM。同样地还存在简并 FWM,即 FWM 中的两个频率是相互重合的。例如,利用一个单频的泵浦作为一个临近波长的信号光的放大源,在与之对应的 FWM 过程中,每有一个光子被增加到信号光中实现放大时,都会占用两个泵浦波长的光子,另外 FWM 效应还会在泵浦光的波长的另一侧产生一个闲散波的光子[7]。

FWM 效应是高相位敏感的(即 FWM 作用依赖于涉及的所有输入光束之间的相对相位)。当输入光满足相位匹配的条件时,FWM 效应将随着传播距离的增加而增强。相位匹配的条件意味着 FWM 中的各个分量所在的中心频率接近,或者传播介质中存在一个合适的色散曲线。当相位严重不匹配时,会极大地抑制 FWM 效应。在光纤中,还可以通过调节不同输入光的传播方向和传播角度来实现相位匹配。FWM 效应可应用于光相位共轭、参量放大、超连续谱生成和基于微谐振器的频率梳生成,同时也能够根据其波长关系用于波长转换过程。

FWM 是一种非线性光学效应,由束缚电子对作用在其上的电磁场产生的响应引起。就是说,介质感应的非线性极化部分由非线性极化率决定。下面将从三阶极化率来介绍 FWM 效应。在强电子的作用下,束缚电子做非谐振运动,电偶极子的感应极化强度 f 与施加的电场之间呈非线性关系[6],满足以下关系:

$$\vec{\rho} = \varepsilon_0(\chi^{(1)}\cdot\vec{E} + \chi^{(2)}:\vec{E}\vec{E} + \chi^{(3)}\vdots\vec{E}\vec{E}\vec{E} + \cdots) \tag{4-13}$$

其中: $\vec{E}$ 为电场强度; ε_0 为真空中的介电常数; $\chi^{(j)}(j=1,2,\cdots)$ 为第 j 阶极化率,通常 $\chi^{(j)}$ 是 $j+1$ 阶张量[6]。FWM 过程可以通过三阶极化项来理解,由式(4-13)可得三阶极化率为

$$\vec{P}_{NL} = \varepsilon_0\chi^{(3)}\vdots\vec{E}\vec{E}\vec{E} \tag{4-14}$$

其中: $\vec{E}$ 为电场强度, $\vec{P}_{NL}$ 为非线性极化强度。

考虑振荡频率分别为 ω_1、ω_2、ω_3 和 ω_4,且沿同一 X 轴方向的线偏振的光波,其总电场可以写成

$$\vec{E} = \frac{1}{2}\hat{x}\sum_{j=1}^{4}\vec{E}_j\exp[i(\beta_j z - \omega_j t)] + c.c \tag{4-15}$$

其中:传输常数 $\beta_j = \tilde{n}_j\omega_j/c$, $\tilde{n}_j$ 是模折射率。若将式(4-15)带入式(4-14)中,可得

$$\vec{E} = \frac{1}{2}\hat{x}\sum_{j=1}^{4}\vec{P}_j\exp[i(\beta_j z - \omega_j t)] + c.c \tag{4-16}$$

可以发现, $\vec{P}_j$ 由包含 3 个电场积的项组成。 $\vec{P}_4$ 可以表示为

$$\vec{P}_4 = \frac{3\varepsilon_0}{4}\chi_{XXX}^{(3)}\big[|\vec{E}_4|^2\vec{E}_4 + 2(|\vec{E}_1|^2 + |\vec{E}_2|^2 + |\vec{E}_3|^2)\vec{E}_4 +$$

$$2\vec{E}_1\vec{E}_2\vec{E}_3\exp(i\theta_+) + 2\vec{E}_1\vec{E}_2\vec{E}_3^*\exp(i\theta_-)\big] \tag{4-17}$$

其中 θ_+ 和 θ_- 定义为

$$\theta_+ = (\beta_1 + \beta_2 + \beta_3 - \beta_4)z - (\omega_1 + \omega_2 + \omega_3 - \omega_4)t \tag{4-18}$$

$$\theta_- = (\beta_1 + \beta_2 - \beta_3 - \beta_4)z - (\omega_1 + \omega_2 - \omega_3 - \omega_4)t \tag{4-19}$$

在式(4-17)中,包含 $\vec{E}_4$ 的前四项是造成 SPM 和 XPM 的原因。其余项为 4 个波之间存在的和频以及差频的组合。关于 FWM 有效项的目数是由 $\vec{E}_4$ 和 $\vec{P}_4$ 之间相位失配程度 θ_+ 和 θ_- 支配的。

当相位匹配时,发生显著的 FWM 效应。量子学的观点为:湮灭一个或多个光子,为了保持动量和净能量的守恒,会产生不同频率的新光子,这就是 FWM 过程[6]。在式(4-17)

中,有两类 FWM 项。θ_+ 项表示为:频率为 $\omega_4 = \omega_1 + \omega_2 + \omega_3$ 的新光子的能量由原先的 3 个光子转移而来,这也是三次谐波 $\omega_1 = \omega_2 = \omega_3$ 产生的原因;θ_- 项表示为:频率为 ω_1 和 ω_2 的光子湮灭,产生频率为 ω_3 和 ω_4 的新光子,即

$$\omega_4 + \omega_3 = \omega_1 + \omega_2 \tag{4-20}$$

此过程中,相位匹配条件为 $\Delta k = 0$,详细为

$$\Delta k = \beta_3 + \beta_4 - \beta_1 - \beta_2 = (\tilde{n}_3\omega_3 + \tilde{n}_4\omega_4 - \tilde{n}_1\omega_1 - \tilde{n}_2\omega_2)/c \tag{4-21}$$

其中 $\tilde{n}_j$ 是频率为 ω_j 时的有效模折射率。通常来讲,实现显著 FWM 过程所需的相位条件是难以满足的。特别地,当 $\omega_1 = \omega_2$,$\theta_+ = \theta_-$ 时,此 FWM 过程称为简并过程。在一般条件下,要发生 FWM 过程需要两束泵浦波。在频率为 ω_1 的泵浦光附近产生 ω_3 和 ω_4 的边频,频移满足以下关系:

$$\Omega_S = \omega_1 - \omega_3 = \omega_4 - \omega_1 \tag{4-22}$$

假定 $\omega_3 < \omega_4$,ω_3 称为斯托克斯带,ω_4 称为反斯托克斯带。因为简并 FWM 过程含有 3 个不同频率,所以简并 FWM 又名三波混频[6]。此时的相位匹配条件 $k = 0$ 可以写为

$$k = \Delta k_M + \Delta k_W + \Delta k_{NL} = 0 \tag{4-23}$$

其中:Δk_M 为材料色散引起的相位失配,Δk_W 为波导色散引起的相位失配,Δk_{NL} 为非线性导致的相位失配[8]。在简并 FWM 的条件下,式(4-23)中的三项分别为

$$\Delta k_M = [n_3\omega_3 + n_4\omega_4 - 2n_1\omega_1]/c \tag{4-24}$$

$$\Delta k_W = [\Delta n_3\omega_3 + \Delta n_4\omega_4 - (\Delta n_1 + \Delta n_2)\omega_1]/c \tag{4-25}$$

$$\Delta k_{NL} = \gamma[P_1 + P_2] \tag{4-26}$$

在 HNLF 中,除 λ_D 波长附近 Δk_M 和 Δk_W 可以比拟外(λ_D 为零色散波长),对于偏振方向相同的光波,式(4-23)中的 Δk_W 远小于 Δk_M。因此,有 3 种方法可以实现近似的相位匹配:

① 采用小频移、低功率的泵浦,减少 Δk_M 和 Δk_{NL};

② 工作在零色散波长附近,Δk_W 能与 $\Delta k_{NL} + \Delta k_M$ 抵消;

③ 工作在反常 GVD 区,让 Δk_M 为负,用 $\Delta k_W + \Delta k_{NL}$ 抵消。

相位匹配影响着 FWM 的效率,当相位匹配条件满足时,可以获得较高的 FWM 效率。单模光纤中光纤的色散影响着 FWM 中相位匹配条件,FWM 效率与相位失配关系为

$$\eta_{FWM} = \frac{\alpha^2}{\alpha^2 + \Delta\beta^2}\left[1 + \frac{4e^{-\alpha L}\sin^2(\Delta\beta L/2)}{(1 - e^{-\alpha L})^2}\right] \tag{4-27}$$

由式(4-27)可知,当 $\Delta\beta = 0$ 时,η_{FWM} 取得最大值。在 WDM 系统中,FWM 信号功率为[7]:

$$P_{FWM} = \frac{\eta_{FWM}}{9}d'^2\gamma^2 P_0^3\exp(-\alpha L)L_{eff}^2 \tag{4-28}$$

其中 d' 为简并因子。设信道间隔为 Δf,$\Delta\beta$ 可以表示为

$$\Delta\beta = \frac{2\pi\lambda^2}{c}D\Delta f^2 \tag{4-29}$$

由式(4-27)～式(4-29)可知,FWM 的效率与以下因素有关:

① 光纤的衰减系数 α、色散系数 D、光纤的有效长度;

② 信道的间隔 Δf^2；

③ 信道的功率。

根据式(4-27)可知,当 $\Delta\beta L/2 = k\pi$(其中 k 为整数)时,P_{FWM} 取得最小值。一般来说,可以通过计算 P_{FWM} 的最小值来估计光纤的色散;同样地,当知道光纤衰减时,也可以估计光纤的非线性系数 γ。

4.1.3 HNLF 中非线性效应的应用

光纤中的非线性效应不仅制约了光纤通信系统的传输性能,而且阻碍了光纤通信系统向高速率、大容量、长距离的方向发展。但是,非线性效应也有可以利用的一面。利用光纤的非线性效应,可以构成多种光纤元器件和非线性光纤通信系统,如超短脉冲光孤子源[9]、孤子激光器[10]、可调制拉曼振荡器[11]、光纤参量放大器[12]、克尔调制器[13]、混频器件[14]、逻辑器件[15]以及光孤子通信系统、全光光纤通信系统和全光网络[16]。利用 SPM 产生的非线性相移制作光开关是最重要的应用之一[17]:由于 SPM 效应可以展宽频谱,可以使输入脉冲与输出端的可调滤波器的频谱窗口重合,从而控制另一个波长的光脉冲输出;根据 XPM 效应,通过改变控制光功率可以改变激光中每根谱线的幅度和相位,进而合成所需的光脉冲,因此可以通过光纤中的 XPM 效应实现任意波形发生器这一功能[18],当控制光功率快速变化时,XPM 效应超快的响应速度使合成的波形可以快速地动态转换;FWM 技术通过其波长关系,能够将一种波长光波上的信息转换到另一种波长光波上[19]。因此,基于 FWM 的全光波长变换器在未来的密集波分复用全光网络中有重要应用。

光纤是导引光电磁波进行传播的介质,在光纤传输系统中,随着入纤功率的增加,束缚电子的非谐振运动会受到电磁场的影响,介质中的电偶极子的极化强度电场呈现非线性,所以,在光纤中传输大功率、高强度的光信号时,就会产生非线性效应。光纤的非线性系数是影响非线性效应强弱的关键因素,即使非线性系数不大的石英光纤,也会在相对功率较低的情况下观测到非线性效应。随着对非线性材料研究的不断深入,目前已经研制出一大批非线性系数高、性能优良的 HNLF,它们在光再生[20]、光放大器[12]、光开关[17]、光波长转换[19]、光纤光栅[21]、光逻辑[15]等方面正引起极大的关注。

4.2 基于 HNLF 的逻辑实现模型

HNLF 作为一种无源光学器件,具有高的非线性系数和高的响应速度。因此,它成为代替 SOA 实现全光逻辑门的优秀器件。如何使用 HNLF 实现二进制序列匹配系统是当前的一个研究热点。同样,基于 HNLF 中的非线性效应实现相应的逻辑功能是实现序列匹配系统的关键。

4.2.1 基于 HNLF 的与门实现模型

当两束波长不相同的输入光信号满足相位匹配条件时,在非线性介质下就会发生

FWM 效应。FWM 效应主要分为两种:非简并 FWM 效应和简并 FWM 效应。这里使用的是简并 FWM 效应。在图 4-1 中,(a)为波长转换模块原理,(b)为与逻辑门原理。(a)中数据光序列和本地泵浦光分别通过耦合器同时输入到 HNLF 中,假设数据光序列和本地泵浦光的中心频率分别为 λ_2 和 λ_3,为了将数据的频率从 λ_2 转换到 λ_1,根据非线性光纤中的 FWM 效应,可以得出当 HNLF 输入两束光的频率分别为 λ_2 和 λ_3 时,FWM 效应将生成频率为 $2\lambda_2-\lambda_3$ 和 $2\lambda_3-\lambda_2$ 的两个新的频率分量,且当一路为连续波一路为 OOK 信号时,生成的两个频率分量也将携带 OOK 所带信号,因而通过对 λ_3 的数值进行设计,即可实现从 λ_2 到 λ_1 的频率转换。(b)为基于 HNLF 中 FWM 效应的与逻辑门,当与逻辑门的两个输入序列信号的波长分别为 λ_1 和 λ_2 时,新生成的信号波长为 λ_3 和 λ_4。这两个新波长下的信号只有当输入信号都存在一定信号幅度时才能够根据 FWM 效应具备一定的可测光强,所以两个新波长下的输出信号都携带着两个输入序列的与逻辑输出信号[22]。

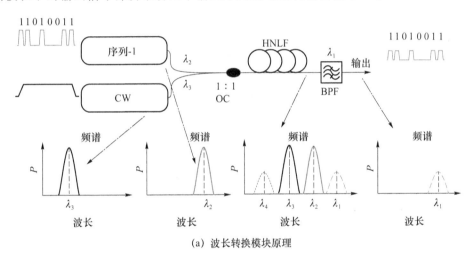

(a) 波长转换模块原理

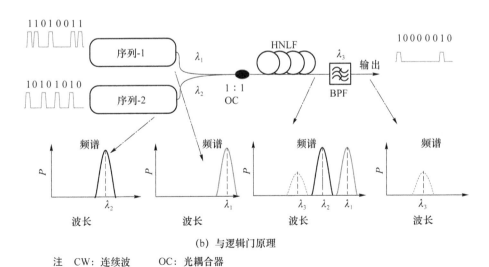

(b) 与逻辑门原理

注 CW:连续波 OC:光耦合器

图 4-1 基于 FWM 效应的波长转换模块原理和与逻辑门原理

在 VPItransmissionMaker 软件的仿真配置方面，主要介绍与逻辑门的仿真配置，波长转换模块的仿真配置与其相似便不再赘述。首先利用两个伪随机二进制序列生成器生成两路二进制序列作为与逻辑门输入信号所携带的信息，并输入到对应的光高斯脉冲生成器中对其进行直接调制，此处设置两路信号的功率均为 $10\ \mu W$，中心频率分别为 $193.523\ 42\ THz$ 和 $196.047\ THz$。然后两路光信号经过一个理想的 WDM 系统后直接输入到 HNLF 中，HNLF 的长度为 $1\ 000\ m$，零色散波长为 $1\ 556\ nm$，色散斜率为 $140\ s/m^2$，非线性系数为 $50\times10^{-20}\ m^2/W$，有效面积为 $80\times10^{-12}\ m^2$。在 HNLF 中频率不同的两束光信号将会发生 FWM 效应，且所生成的分量的频率符合上一段中所述关系。这里只需要滤除其中满足需求的频率的分量即可，因此，在 HNLF 输出端放置一个带通滤波器，滤波器的中心频率为 $191\ THz$。由于 FWM 效应较为微弱，需要在滤波器后放置一个放大倍数较大的 EDFA，放大倍数为 $120\ dB$。此外，为了能够观察各路信号的波形，将信号分析仪连接在了高斯脉冲生成器以及带通滤波器后，分别能够观察到输入信号光和输出信号光的波形，输出信号符合输入信号的与逻辑关系。

4.2.2　基于 HNLF 的 $\bar{A}\cdot B$ 逻辑实现模型

在 HNLF 中，泵浦光将与探测光发生 XPM 效应，这时探测光将会在时域上发生非线性相移，将此变换转换到频域上将造成频移，因而在泵浦光携带一路 OOK 信号的情况下，全"1"脉冲探测光将会在泵浦光存在幅值的时间点发生频移，这就造成了在泵浦光信号为"0""1"两种时刻下，探测光将在不同的频率下存在光强，图 4-2 所示为基于 FWM 效应的非逻辑门和 $\bar{A}\cdot B$ 逻辑门原理。如图 4-2(a)所示，泵浦信号为"1"，探测光将在发生频移后的频率上存在光强；泵浦信号为"0"，探测光将在自身频率上存在光强，因而可以通过在 HNLF 后放置一个中心频率为探测光自身频率的窄带滤波器得到与泵浦信号信息相反的一路输出，这也就得到了泵浦光信号的非逻辑。同样地，如图 4-2(b)所示，当探测信号不为全"1"而为一路实际信号时，通过同样的滤波手段将得到 $\bar{A}\cdot B$ 逻辑输出[23]，其中 A 为探测光信号，B 为泵浦光信号。

在 VPItransmissionMaker 软件的仿真配置方面，主要介绍 $\bar{A}\cdot B$ 逻辑门的仿真配置，非逻辑门的仿真配置与其相似便不再赘述。首先分别利用两个伪随机二进制序列生成器生成两路二进制序列，并输入到对应的光高斯脉冲生成器中对其进行直接调制。将得到的上路光信号记为泵浦光，此处设置其功率为 $300\ mW$，中心频率为 $191\ THz$，将得到的下路光信号记为探测光，设置其功率为 $120\ mW$，中心频率为 $193.523\ 42\ THz$。然后两路光信号经过 $3\ dB$ 耦合器后合成一路信号，接着将这一路信号直接输入到 HNLF 中，其中 HNLF 的长度为 $1\ 000\ m$，零色散波长为 $1\ 556\ nm$，色散斜率为 $140\ s/m^2$，非线性系数为 $50\times10^{-20}\ m^2/W$，有效面积为 $80\times10^{-12}\ m^2$。在 HNLF 中的泵浦光将会对探测光进行 XPM 效应，在 HNLF 输出端放置一个带通滤波器，滤波器的中心频率为 $193.523\ 42\ THz$。为了能与下一系统模块进行连接，在滤波器后放置一个 EDFA，其放大倍数根据后面的需求进行相应的改变。此外,为了能够观察各路信号的波形,将信号分析仪连接在了两个高斯脉冲生成器以及带通滤波器后,分别能够观察到泵浦光、信号光和输出信号的波形,输出信号符合输入信号的 $\bar{A} \cdot B$ 逻辑关系。

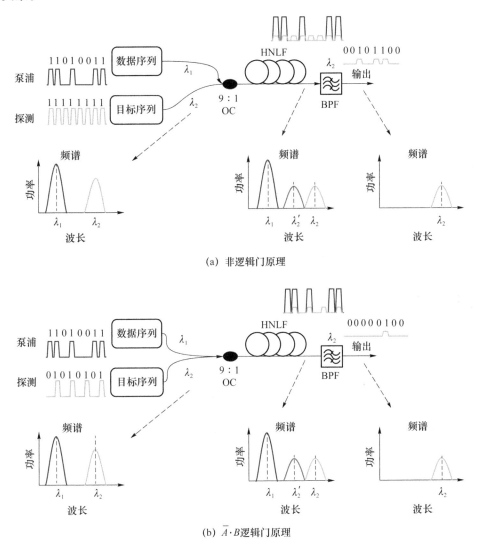

(a) 非逻辑门原理

(b) $\bar{A} \cdot B$ 逻辑门原理

图 4-2   基于 FWM 效应的非逻辑门和 $\bar{A} \cdot B$ 逻辑门原理

4.2.3   基于 HNLF 的同或逻辑实现模型

基于 HNLF 的同或逻辑主要分为两种实现方式,第 1 种是通过使用 2 个 $\bar{A} \cdot B$ 逻辑门,将 2 个逻辑门的输出信号位置对调,而后将 2 个逻辑门的输出信号通过与逻辑门处理后获得[22],这种实现方式比较直接且可以单独应用,但缺点是所使用的光学器件众多,且多个光学逻辑模块相互结合会使整个全光处理过程过于复杂。针对以上实现方式的缺点,结合二进制序列匹配模型信号格式与匹配过程的特点设计了第 2 种专门用于序列匹配系统的同或逻辑门[23]。

　　在二进制序列匹配过程中,无论是串行系统还是并行系统,同或逻辑门的两个输入序列均为数据序列的延时序列与一个全"1"或全"0"序列。当数据序列与全"1"序列进行同或逻辑处理时,逻辑输出序列为数据序列本身;而当数据序列与全"0"序列进行同或逻辑处理时,逻辑输出序列为该数据序列的非逻辑输出。根据序列匹配系统的这一特点,可以通过使用光开关与非逻辑门的组合实现面向序列匹配的同或逻辑门,如图 4-3 所示。在每个周期中,携带数据序列的光信号通过 OC-1 均匀分成两束。一条光束无须任何处理作为光开关的一个输入。另一光束作为泵浦光输入到非逻辑门,而携带全"1"序列的探测光同时输入到非逻辑门,从而得到原数据序列的非逻辑信号作为光开关的另一个输入。根据目标序列不同时刻的数据位通过光开关对两个输入光进行选择。如果目标序列为"1",则光开关选择原数据序列作为同或逻辑门的输出。如果目标序列为"0",则光开关选择非逻辑门的输出作为同或逻辑门的输出。与使用两个 $\overline{A} \cdot B$ 逻辑门和一个与逻辑门实现的同或逻辑门相比,本章中的同或逻辑门只需要放大携带目标序列的泵浦光的功率,并且只需要一个非逻辑门就可以实现多个逻辑门的组合功能。同时,当检测序列为"1"时,逻辑门的输出为原始输入信号。在这种情况下,逻辑门的输出信号将不会受到任何不必要的非线性效应影响。构成同或逻辑门的光开关在系统输入完整的数据序列后工作一次,因此光开关的实际工作频率应为数据序列的信号速率与数据序列的序列长度之比。由于数据序列的长度一般设置为 64 位以上,当信号速率为 80 Gbit/s 或 160 Gbit/s 时,对光开关切换速度的要求较低。在图 4-3 中,光开关的两个输入信号有不同的波长,一个是携带数据序列的信号的波长,另一个是携带全"1"序列的信号的波长。因此,与通过多个逻辑门组合实现的同或逻辑模块相同,仅使用非逻辑门和光开关实现的同或逻辑模块也需要使用前面所提到的波长变换模块实现逻辑门输出信号的波长统一。同或逻辑门由前面章节所提的逻辑模块组合而成,因此该逻辑门在 VPItransmissionMaker 软件中只需要根据 4.2.1 和 4.2.2 节所提的仿真配置完成组合即可实现功能,这里不再赘述。

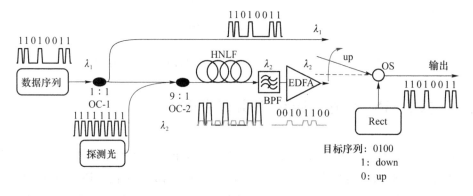

图 4-3　面向二进制序列匹配的同或逻辑门

4.3　基于 HNLF 的串行二进制匹配

4.3.1　基本原理

根据基于 SOA 的二进制序列匹配系统的介绍,对基于 HNLF 的串行二进制匹配系统进行了改进[22]。首先介绍基于 $\bar{A} \cdot B$ 逻辑的二进制匹配系统逻辑原理:假设被检测的数据序列为 A,长度为 L,目标序列为 B,经过再生器进入与门的输入为 C,那么可以得到同或逻辑门和与逻辑门的输出分别如下:

$$A \odot B = A \cdot B + \bar{A} \cdot \bar{B} \tag{4-30}$$

$$(A \odot B) \cdot C = A \cdot B \cdot C + \bar{A} \cdot \bar{B} \cdot C \tag{4-31}$$

同时 B 作为目标序列,其每一位都需要重复 L 位后与 A 进行同或逻辑运算,因而在与 B 的第 n 位进行逻辑计算时,B 将保持长度为 L 位的"0"或者"1":

$$A \odot B_n = A \cdot B_n + \bar{A} \cdot \bar{B}_n = A \text{ 或 } \bar{A} \tag{4-32}$$

若此时 B 为"0",同或逻辑输出 $\bar{A}$;若此时 B 为"1",同或逻辑输出 A,根据分析可以进一步通过 $\bar{A} \cdot B$ 逻辑对上面的"$(A \odot B) \cdot C$"进行简化:

$$(A \odot B) \cdot C = \overline{(A \oplus B)} \cdot C = \overline{(\bar{A} \cdot B + A \cdot \bar{B})} \cdot C \tag{4-33}$$

这时就可以将需要同或逻辑门的系统简化为仅仅需要一种 $A \cdot \bar{B}$ 逻辑的简易系统。在此基础上可以发现,在每次 B 数值变化的过程中,最终决定的是这一位所对应的 L 位输出是 $\bar{A}$ 还是 A,由 $A \oplus B$ 可得:B 为"1"时,异或逻辑输出应为 $\bar{A}$;B 为"0"时,异或逻辑输出应为 A。基于 $\bar{A} \cdot B$ 逻辑门的匹配系统逻辑如图 4-4(a)所示,图 4-4(b)为该匹配系统中各个模块的序列输出结果。通过结果可以获得,该逻辑组合能够在"1100-1011-00"的数据序列中准确匹配出"1011"序列的数目与位置。

图 4-5 展示了如何使用 HNLF 中的非线性效应实现基于 $\bar{A} \cdot B$ 逻辑的二进制序列匹配系统,该匹配系统主要包含两个模块,分别是 $A \cdot \bar{B}$ 逻辑门和波长转换模块,前者基于 HNLF 中的 XPM 效应,而后者利用的是 HNLF 的 FWM 效应,两个模块的实现原理均已在前文给出。假设数据序列有 M 位,需要被匹配出的序列(目标序列)有 N 位,两个序列的位周期均为 T。在进行匹配之前需要对两组序列进行预处理,一方面对目标序列进行预处理,包括将其位周期设置为数据序列的位周期的 M 倍,即 MT,另一方面需要将数据序列循环 N 次,此时得到的两组序列的总长度均为 MNT。此后将进行 N 轮的比较,每次比较 M 位。首先将数据序列分成两路,上路经过波长转换系统将其频率从 λ_1 转换到 λ_2,下路则经过 $A \cdot \bar{B}$ 逻辑门处理且其中一路输入为全"1"序列,通过此逻辑输出后将得到目标序列的非逻辑,此逻辑输出信号所在频率为全"1"序列信号的频率,而第一路波长转换所生成的信号频率同样也是这个频率,这样就使数据序列和目标序列的非逻辑序列都处在同一频率,然后

通过已经被预处理的目标序列控制光开关对上面两路信号进行筛选,匹配序列为"0"时输出原始信号,为"1"时输出非逻辑信号,这样就间接实现了数据序列和目标序列的异或逻辑输出,接着仅需要再进行一次 $A \cdot \bar{B}$ 循环延时处理就可实现最早提出的二进制循环匹配功能。如图 4-5 所示,数据序列输入为"1100-1011-00",在对数据序列循环 $N=4$ 次的同时,对目标序列"1100"进行预处理,将每个信息位循环 $M=10$ 次,延展成为周期为 $10T$ 的序列,然后通过光开关根据目标序列对输入两路进行筛选,为"0"时输出上面一路,为"1"时输出下面一路,这样光开关所选的序列输出即为数据序列和目标序列的异或逻辑输出,然后将异或输出和系统输出延时继续进行 $A \cdot \bar{B}$ 逻辑处理[23],其中异或逻辑的结果对应逻辑式中的 A,延时输出对应 B,并且这样设计也将减少输出延时回传过程中的波长变换,大大降低了系统的复杂程度。

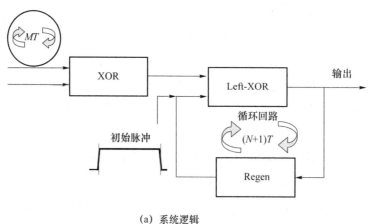

(a) 系统逻辑

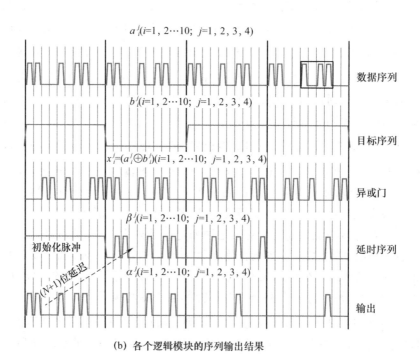

(b) 各个逻辑模块的序列输出结果

图 4-4　基于 $\bar{A} \cdot B$ 的二进制序列匹配逻辑

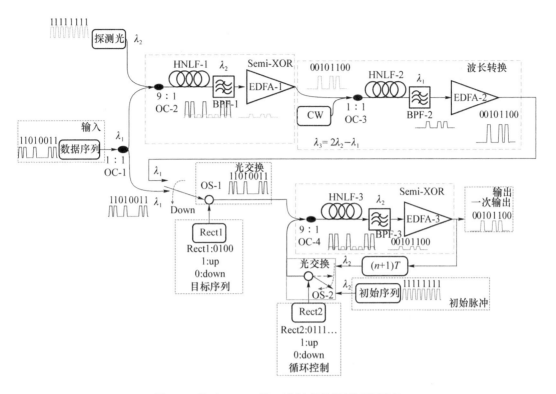

图 4-5　基于 HNLF 的二进制序列循环匹配原理

4.3.2　仿真结果

利用 VPI 仿真实现上述的基于 HNLF 全光二进制序列匹配系统,如图 4-6 所示。该系统能够在传输速率达 80 Gbit/s 且位数为 128 的数据序列中进行目标序列匹配。其中系统中利用的基于 XPM 的 $A \cdot \bar{B}$ 逻辑门和基于 FWM 的波长变换模块的结构如前所述。同时,各模块之间需要利用 EDFA 来保证前一模块输出信号和后一模块输入信号之间的功率。数据序列需要利用一个伪随机二进制序列生成器生成位数自定义的二进制序列,再输入到光高斯脉冲生成器中对其进行直接调制得到。此处设置其功率为 300 mW,中心波长为 $\lambda_1 = 1\,570.68$ nm;用于 $A \cdot \bar{B}$ 逻辑门中的全"1"序列的波长为 $\lambda_2 = 1\,550.227$ nm,峰值功率为 300 mW。对于目标序列,为了简化操作,选用两个 Y 型可控开关(SwitchDOS_Y_Select.vtms)对序列进行筛选处理,目标序列将由矩形波生成器(Rect.vtms)作为数据序列的配置端,输出的信号用于控制 Y 型可控开关的选路。可控开关的输出即为所需的预处理的目标序列,并且这两路光开关所接受的目标序列控制信息是一致的。同时在两路光开关的两个相反的输入路径上分别放置一路全"0"序列(全"0"信号不会对有效序列信息产生任何影响),这样将保证在一路光开关存在有效的输出序列时,另一路光开关的输出序列为无效的"0",这样设置能够保证在仿真过程的每一个时刻下,两条光开关输出路径有且仅有一条输出路径有效,且不受另一条输出路径信号的干扰。考虑到 $A \cdot \bar{B}$ 逻辑门的输出序列与目标序列的波长不统一,因此需要使用波长转换模块进行调整。在波长转换模块中,所使用的探测光的中心波长为 $\lambda_3 = 1\,530.3$ nm，峰值功率为 100 mW。用于实现 $A \cdot \bar{B}$ 逻辑门的 HNLF 的光纤长度为 200 m，非线性系数为 50×10^{-20} m^2/W，零色散波长为 1 570.68 nm，色散斜率为 0.08×10^3 s/m^3。用于实现波长转换的 HNLF 的光纤长度为 20 m，非线性系数为 21×10^{-20} m^2/W，零色散波长为 1 530.2 nm，色散斜率为 0.08×10^3 s/m^3。图中所用的 EDFA 均为理想增益放大器，EDFA-1、EDFA-2 和 EDFA-3 的增益数值分别为 12.55 dB、51.37 dB 和 12.55 dB。滤波器 BPF-1、BPF-2 以及 BPF-3 的中心波长分别为 $\lambda_1 = 1\,550.227$ nm、$\lambda_2 = 1\,570.68$ nm 以及 $\lambda_2 = 1\,570.68$ nm。当目标序列为"1"时，OS-1 选择非 $(A \cdot \bar{B})$ 逻辑门的输出路径；为"0"时选择输入数据序列信号的原始状态。OS-2 选择第 1 个周期的初始脉冲路径，然后选择被延迟的系统输出信号。延时装置的延时时间为 $t = (n+1)T$，n 是数据序列的长度，T 是一个位序列的时间长度。

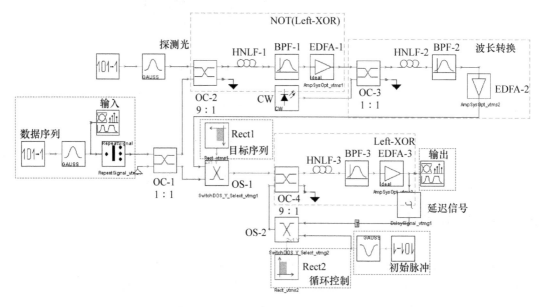

图 4-6 基于 HNLF 的二进制序列循环匹配系统仿真配置

为了验证系统的有效性，本书分别在 80 Gbit/s 和 160 Gbit/s 的速率下验证了 4 位和 8 位长度目标序列对 64 位输入数据序列的匹配。同时，为了使结果具有说服力，在不同传输速率下，相同长度的目标序列是不同的。4 位匹配结果如图 4-7 所示，8 位匹配结果如图 4-8 所示。

在 80 Gbit/s 和 160 Gbit/s 速率下，4 位目标序列分别为"0011"和"1001"。在每个图的最后一个输出结果中可以得到最终的匹配结果，如图 4-7 所示。80 Gbit/s 速率的数据序列中有 4 条序列"0011"，在数据序列中标记了这 4 条序列的位置。经过 4 个周期的匹配，系统的输出序列中有 4 个脉冲。这 4 个脉冲代表目标序列"0011"在数据序列中的位置。在 160 Gbit/s 速率下的匹配过程与 80 Gbit/s 速率下的匹配过程相同。经过 4 个周期的匹配，最终输出序列中有 3 个脉冲，就可以得到目标序列在数据序列中的数量和位置。将目标序列长度扩展到 8 位，80 Gbit/s 速率下的目标序列为"0110-1101"，160 Gbit/s 速率下的目标序列为"1001-0010"。而 8 位序列匹配过程与 4 位序列匹配过程类似，只是将匹配循环次数改为 8 次。

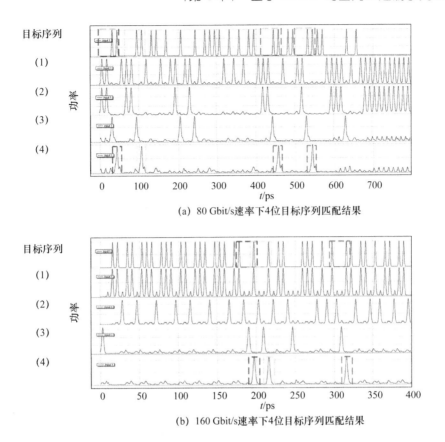

(a) 80 Gbit/s速率下4位目标序列匹配结果

(b) 160 Gbit/s速率下4位目标序列匹配结果

图 4-7   4 位二进制序列循环匹配系统序列匹配结果

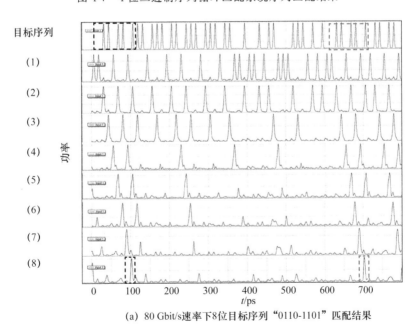

(a) 80 Gbit/s速率下8位目标序列"0110-1101"匹配结果

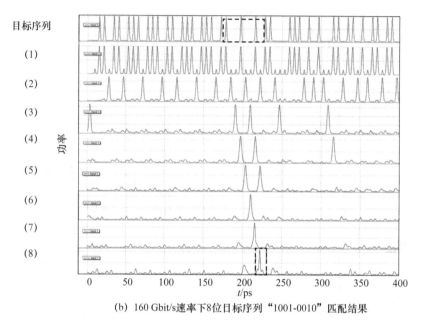

(b) 160 Gbit/s速率下8位目标序列"1001-0010"匹配结果

图 4-8　8位二进制序列循环匹配系统序列匹配结果

4.4　基于 HNLF 的并行二进制匹配

　　串行匹配过程中匹配时间过长的问题仍然存在于基于 HNLF 的二进制序列匹配系统中，因此，设计了基于 HNLF 的并行匹配系统用于解决该问题。

4.4.1　基本原理

　　基于 4.2 节所提到的新的逻辑匹配关系，在这里提出了一种基于非逻辑门与与逻辑门的并行匹配结构[24]，如图 4-9 所示。首先通过分光器将输入的数据序列"1100-1011-00"进行分束处理，然后将其中的一束通过非逻辑门进行处理获得数据序列的非逻辑序列，然后将数据序列与非逻辑序列通过不同的分光器再次进行分束处理，而后根据目标序列"0101"对各条光束进行延时，延时原则与前面所提的基于 SOA 的并行匹配系统相同，而后将延时序列通过多个逻辑门进行与逻辑处理获得最后的匹配结果，即数据序列"1100-1011-00"中存在一个目标序列"0101"，该目标序列的最后一位为数据序列的第 7 位。

　　基于 HNLF 的并行二进制序列匹配系统如图 4-10 所示，该系统整体结构与基于 SOA 的并行系统相似，首先通过基于 HNLF 中的 XPM 效应实现的非逻辑门（$A \cdot \bar{B}$ 逻辑门）获得目标序列的非逻辑输出序列，由于非逻辑门的输出序列与目标序列的波长不一致，需要通过 HNLF 的 FWM 效应实现非逻辑门输出序列的波长转换，此时需要调节波长转换模块中的输入连续波的中心频率以满足 FWM 的波长需求。使用波长转换器统一非逻辑输出序列和原始的目标序列的波长后，需要使用分光器对两个序列信号进行分束，同时还应使用 EDFA 对两个信号进行功率补偿以满足后续操作[24]。根据目标序列的情况对两个序列的分束光进行选择与延时操作，操作原则与基于 SOA 的并行系统相同，当目标序列长度为 N

时,需要对 $N-1$ 条分束序列进行延时操作,且第 n 条序列的延时大小为 $(N-1-n)T$,T 为单个二进制数据位的时间长度。将相邻的两条延时序列输入到同一个与逻辑门中进行与逻辑操作,考虑到与逻辑门是通过 HNLF 中的 FWM 效应实现的,在将两条序列输入到与逻辑门之前还需要将其中的一条序列进行波长转换(波长转换模块同样是基于 HNLF 的 FWM 效应实现的)。通过使用多个与逻辑门组成的逻辑阵列实现针对全部延时序列的与逻辑操作,最后一个与逻辑门的输出结果即为目标序列在数据序列中的匹配结果。

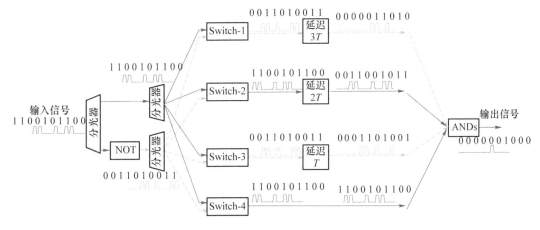

图 4-9 基于非逻辑门和与逻辑门的并行匹配结构

4.4.2 仿真结果

并行二进制序列匹配系统具有可扩展性,当目标序列长度增加时,只需通过分光器对数据序列以及目标序列的非逻辑输出序列添加相应数量的分支并使用与逻辑门将所有分支进行处理即可实现更长目标序列的匹配。该系统能够在传输速率达 80 Gbit/s 且位数为 128 的数据序列中进行目标序列匹配。当目标序列长度 L 是 2 的整数次幂时,系统需要 $n=\log_2 2L$ 层的与逻辑门。其中,第 N 层的逻辑门数为 $m=L/(2N)$。所以处理 32 位的 IP 地址序列需要 5 层与逻辑门,每层逻辑门的数量分别为 16、8、4、2 和 1。利用 VPI 仿真实现上述的基于 HNLF 的并行序列匹配系统。图 4-11 展示了面向 4 位目标序列的匹配仿真配置。4 位并行匹配系统需要 3 个与逻辑门。由于与逻辑门中的两个输入信号必须具有不同的波长,所以第 1 层的与逻辑门都需要一个波长转换模块来转换一个输入序列的波长。根据简并 FWM 的波长关系,每个并行支路中光信号的波长为 $\lambda_1=1\,550.20$ nm,波长转换模块中泵浦光的波长为 $\lambda_3=1\,591.16$ nm,波长转换模块中输出信号的波长为 $\lambda_2=1\,570.68$ nm,第 1 层中两个与逻辑门输出信号的波长分别为 $\lambda_4=2\lambda_2-\lambda_1$ 与 $\lambda_5=2\lambda_1-\lambda_2$,由于这两个波长数值不同,第 1 层两个与逻辑门的输出信号无须波长转换即可输入到第 2 层与逻辑门。而后根据 FWM 波长关系通过滤波获取第 2 层与逻辑门的输出信号即为 4 位目标序列匹配结果。仿真中使用的 EDFA 均为理想的固定增益 EDFA,输出功率为 100 mW。全"1"序列和 CW 的信号功率均为 100 mW。用于实现波长转换模块和与逻辑门的 HNLF 的参数相同,光纤长度为 45 m,非线性系数为 50×10^{-20} m^2/W,零色散波长 1 558.25 nm,色散斜率为 0.018×10^3 s/m^3。用于实现 $A\cdot\bar{B}$ 逻辑门的 HNLF 的光纤长度为 200 m,非线性系数为 50×10^{-20} m^2/W,零色散波长 1 570.68 nm,色散斜率为 0.018×10^3 s/m^3。

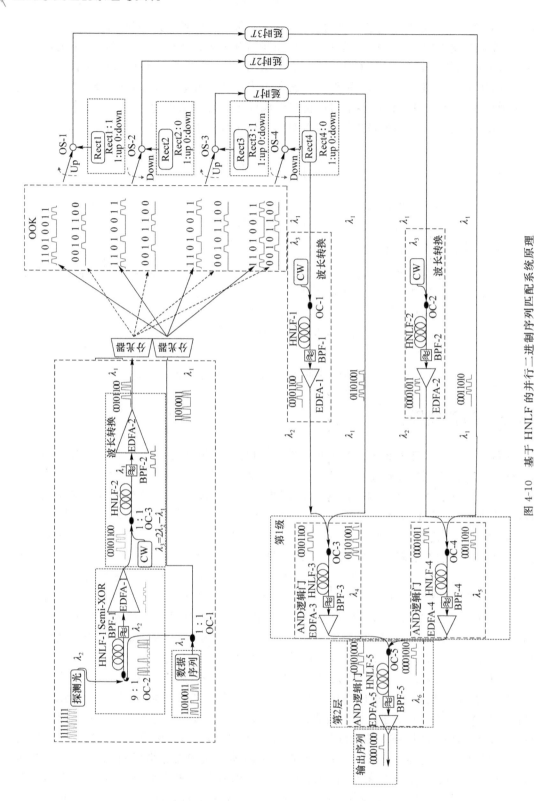

图 4-10 基于 HNLF 的并行二进制序列匹配系统原理

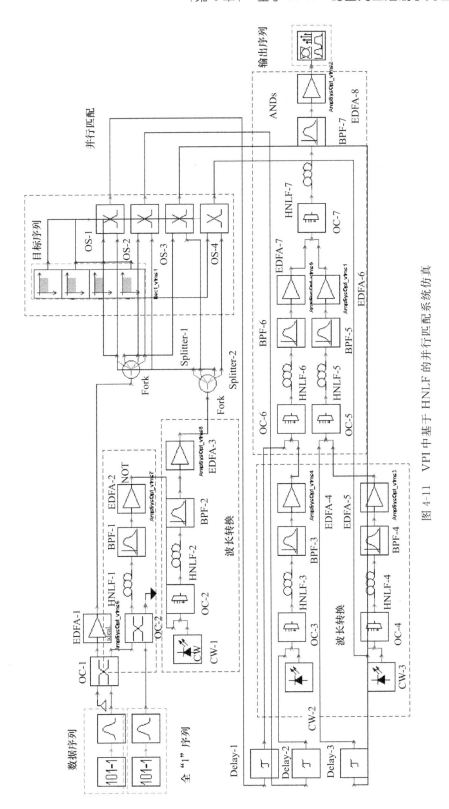

图 4-11　VPI 中基于 HNLF 的并行匹配系统仿真

图 4-12 所示为基于 HNLF 的并行二进制序列匹配系统针对 80 Gbit/s 数据序列的 16 位和 32 位目标序列匹配结果。图 4-12(a)为 128 位数据序列,两种 16 位目标序列分别为 "0000-1010-1010-1010"和"1001-0110-0110-1001",32 位目标序列为"0000-1010-1010-1010-1001-0110-0110-1001"。图 4-12(b)和(c)为 16 位目标序列匹配的仿真结果。图 4-12(d)为 32 位匹配的仿真结果。图 4-12(d)中有 3 个脉冲,表示 128 位数据序列中有 3 个 32 位目标序列。基于 HNLF 的并行二进制匹配系统在通过使用无源器件实现全光信号高速匹配同时借助并行结构有效地降低了匹配时间,在未来可以应用于全光网络中,为网络安全提供可靠保障,有效截断非法攻击信号。

4.5 本 章 小 结

本章主要介绍了 HNLF 在二进制序列匹配系统中的应用。作为一种无源器件,HNLF 相较于 SOA 而言不会受到载流子恢复时间的限制,拥有更快的响应速度以及更高的非线性系数。本章重点介绍了 HNLF 中的 SPM、XPM 以及 FWM 3 种非线性效应,并分别列举 3 种效应各自相关的应用。而后主要介绍了通过利用 HNLF 中的 XPM 和 FWM 实现 $A \cdot \bar{B}$ 逻辑门、非逻辑门、与逻辑门以及波长转换模块的研究,通过对以上几种逻辑模块的组合能够进一步实现同或(异或)逻辑门。在原有的基于 SOA 的匹配系统设计原理上,对二进制序列匹配过程的逻辑公式进行了重新组合,将原本的"同或+与"的逻辑匹配过程转换为 $A \cdot \bar{B}$ 逻辑相互嵌套的匹配过程,然后针对串行二进制序列匹配系统提出了专门的异或逻辑门用于减少 HNLF 与其他光学器件的投入。针对串行匹配系统匹配时间过长的问题,提出了基于 HNLF 的并行匹配系统。借助 HNLF 的无源特性以及其较高的非线性系数,利用 VPI 仿真分别实现了在 160 Gbit/s 速率下的 128 位长度的数据序列中对 8 位目标序列的匹配以及在 80 Gbit/s 速率下的 128 位长度的数据序列中对 32 位目标序列的匹配。相较于 SOA 而言,基于 HNLF 的全光二进制序列匹配系统能够实现更高速率的序列识别,这意味着光子防火墙通过使用 HNLF 能够实现对超高速率攻击信号的阻拦,在保障全光网络安全方面具有重大意义。

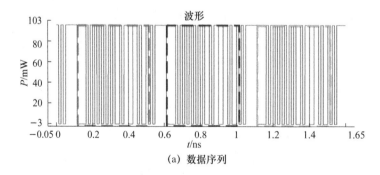

(a) 数据序列

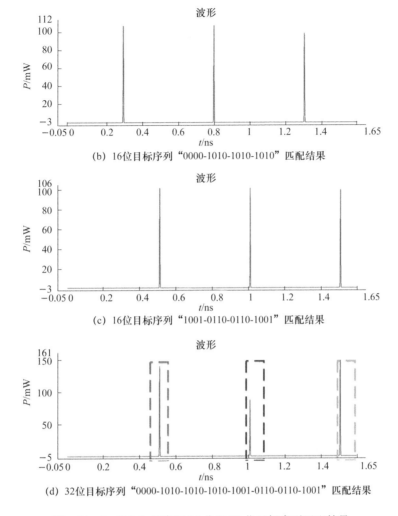

(b) 16位目标序列 "0000-1010-1010-1010" 匹配结果

(c) 16位目标序列 "1001-0110-0110-1001" 匹配结果

(d) 32位目标序列 "0000-1010-1010-1010-1001-0110-0110-1001" 匹配结果

图 4-12　80 Gbit/s 速率下 16 位和 32 位目标序列匹配结果

本章参考文献

[1] FORGHIERI F，TKACH R，CHRAPLYVY A，et al. Optical Fiber Telecommunications Ⅲ[M]. Amsterdam：Academic Press，1997：196-264.

[2] ESSIAMBRE R J，MESTRE M A，RYF R，et al. Experimental Observation of Inter-Modal Cross-Phase Modulation in Few-Mode Fibers[J]. IEEE Photonics Technology Letters，2013，25(6)：535-538.

[3] LIU X，CHANDRASEKHAR S，WINZER P J，et al. Fiber-Nonlinearity-Tolerant Superchannel Transmission via Nonlinear Noise Squeezing and Generalized Phase-Conjugated Twin Waves[J]. Journal of Lightwave Technology，2014，32(4)：766-775.

［4］ STOLEN R H，LIN C. Self-Phase-Modulation in Silica Optical Fibers［J］. Physical Review A，1978，17(4)：1448-1453.

［5］ SHIVA K，DONG Y. Second-Order Theory for Self-Phase Modulation and Cross-Phase Modulation in Optical Fibers［J］. Journal of Lightwave Technology，2005，6 (23)：2073-2080.

［6］ 阿戈沃. 非线性光纤光学原理及应用［M］. 贾东方，余震虹，译. 北京：电子工业出版社，2010.

［7］ CRUZ P E D，ALVES T M F，CARTAXO A V T. Theoretical Analysis of the Four-Wave Mixing Effect in Virtual Carrier-Assisted DD MB-OFDM Ultradense WDM Metropolitan Networks［J］. Journal of Lightwave Technology，2016，34(23)：5401-5411.

［8］ WEBER M J，MILAM D，SMITH W L. Nonlinear Refractive Index of Glasses and Crystals［J］. Optical Engineering，1978，17(5)：463.

［9］ MORIOKA T，KAWANISHI S，MORI K，et al. Nearly Penalty-Free，＜4 ps Supercontinuum Gbit/s Pulse Generation over 1535～1560 nm［J］. Electronics Letters，1994，30(10)：790-791.

［10］ OREN L，HASSID G，PAVEL S，et al. Self-Phase Modulation Spectral Broadening in Two-Dimensional Spatial Solitons：Toward Three-Dimensional Spatiotemporal Pulse-Train Solitons［J］. Optics Letters，2012，37：5196-5198.

［11］ EMORI Y，AKASAKA Y，NAMIKI S. Broadband Lossless DCF Using Raman Amplification Pumped by Multichannel WDM Laser Diodes［J］. Electronics Letters，1998，34(22)：2145-2146.

［12］ HANSEN P，JACOBOVITZ-VESELKA G，GRÜNER-NIELSEN L. Raman Amplification for Loss Compensation in Dispersion Compensating Fibre Modules［J］. Electronics Letters，1998，34(11)：1136-1137.

［13］ OKUNO T，ONISHI M，KASHIWADA T，et al. Silica-Based Functional Fibers with Enhanced Nonlinearity and Their Applications［J］. IEEE Journal of Selected Topics in Quantum Electronics，1999，5(5)：1385-1391.

［14］ KUO B，HIRANO M，RADIC S. Continuous-Wave，Short-Wavelength Infrared Mixer Using Dispersion-Stabilized Highly-Nonlinear Fiber［J］. Optics Express，2012，20：18422-18431.

［15］ OKUNO T，HIRANO M，KATO T，et al. Highly Nonlinear and Perfectly Dispersion-Flattened Fibres for Efficient Optical Signal Processing Applications［J］. Electronics Letters，2003，39(13)：972-974.

［16］ OKUNO T，ONISHI M，NISHIMURA M. Generation of Ultra-Broad-Band Supercontinuum by Dispersion-Flattened and Decreasing Fiber［J］. IEEE Photonics Technology Letters，1998，10(1)：72-74.

［17］ 王菲，郑仰东，李淳飞. 基于自相位调制和交叉相位调制的全光开关特性研究［J］. 光子学报，2009，38(4)：790-795.

[18] ASTAR W, DRISCOLL J B, LIU X, et al. Tunable Wavelength Conversion by XPM in a Silicon Nanowire, and the Potential for XPM-Multicasting[J]. Journal of Lightwave Technology, 2010, 28(17): 2499-2511.

[19] Wan F, Wu B, Wen F, et al. Study on Performance Parameters of FWM-Based Regenerators for Advanced Modulated Signals [C]//Asia Communications and Photonics Conference (ACP). Chengdu, China: IEEE, 2019: 1-3.

[20] KERAF N D, KAN P E, BLOW K. Performance Comparison of HNLF- and DSF-Based in Optical Signal Generation [C]//International Conference on Photonics. Kota Kinabalu, Malaysia: IEEE, 2011: 1-4.

[21] ZHANG L, YAN F, FENG T, et al. Switchable Multi-Wavelength Thulium-Doped Fiber Laser Employing a Polarization-Maintaining Sampled Fiber Bragg Grating[J]. IEEE Access, 2019, 7: 155437-155445.

[22] LIU Y, HUANG S, LI X. Photonic Firewall Oriented Fast All-Optical Binary Pattern Recognition[C]//International Conference on Optical Network Design and Modeling (ONDM). Barcelona, Spain: IEEE, 2020: 1-4.

[23] LIU Y, LI X, TANG Y, et al. Binary Sequence Matching System Based on Cross-Phase Modulation and Four-Wave Mixing in Highly Nonlinear Fibers[J]. Optical Engineering, 2020, 59(10): 105103.

[24] LIU Y, LI X, SHI H, et al. Phase-Locking-Free All-Optical Binary Sequence Flexible Matching System[J]. Optical and Quantum Electronics, 2023: 55(673): 1-20.

第 5 章

基于 HNLF 的面向高阶调制格式的全光序列匹配系统

5.1 相 位 压 缩

第 4 章介绍了基于 HNLF 的全光二进制序列匹配系统,当输入信号为二进制信号(OOK 和 BPSK)时,匹配系统可以直接通过使用由 HNLF 构成的全光逻辑门来实现信号的各种逻辑运算。当输入的信号为高阶调制格式(QPSK、8PSK、16QAM 等)时,因为每个信号包含多种不同的信号状态,所以无法像二进制信号那样直接进行逻辑运算,一种容易想到的解决方法是将高阶调制格式的信号拆分成多个二进制信号,然后对二进制信号进行逻辑运算,这个拆分的过程称为相位压缩,即压缩某些相位状态,得到低阶调制格式的信号。

5.1.1 基于 PSA 的相位压缩原理

相敏放大器(Phase-Sensitive Amplifier,PSA)是区别于传统掺铒光纤放大器(EDFA)等相位不敏感光放大器(Phase-Insensitive Amplifier,PIA)的概念,其主要特性是可选择性地放大$(0,2\pi)$相位范围内的2^n个相位,且衰减另外2^n个相位[1-2]。对于一个具有固定幅度$(0,2\pi)$和相位的光矢量信号,PIA 在处理时不区分相位将各点的幅度全部进行放大,在星座图上看来就是一个小圆变为一个更大的圆。而经过二阶 PSA 相位处理后,输入信号原本$m\pi$相位处的信号被放大,$\pi/2+m\pi$相位处的信号被衰减,星座图由圆形变为椭圆形,这个过程就被称作相位压缩。如图 5-1(a)所示,频率为f_{in},相位为φ_{in}的输入信号和两个频率分别为f_{CW1}和f_{CW2},相位分别为φ_{CW1}和φ_{CW2}的泵浦信号同时进入 HNLF,对于简并四波混频,如果输入信号和两个连续波泵的频率间隔相等,则四波混频过程后生成的信号相位应满足$\varphi_{new}=\varphi_{CW1}+\varphi_{CW2}-\varphi_{in}$,即产生的信号与输入信号和泵浦信号具有固定的相位关系。除此之外,由于两个泵浦信号的对称关系,新产生的信号正好与输入信号f_{in}处于相同的频率位置处,然后两个处于同一频率处的矢量信号就会发生干涉,当$\varphi_{new}=\varphi_{in}+2k\pi(k=0,1,2\cdots)$时,发生干涉相长,输入信号被放大;当$\varphi_{new}=\varphi_{in}+(2k+1)\pi(k=0,1,2\cdots)$时,发生干涉相消,输入信号被衰减,这就实现了上述的相位压缩过程。调整合适的泵浦信号的强度可以使新产生信号的强度等于输入信号的强度,此时输入信号在衰减时会被压缩到零,这就实现了由高阶调制格式到低阶调制格式的转换。

对于一般的 M 阶相位压缩(其中 M 为偶数),一种实现相位压缩的方案如图 5-1(b)所示。假设两个泵浦信号的相位为 0,在第 1 段 HNLF 中,输入信号分别和泵浦信号在 HNLF 中发生 FWM 效应,HNLF 的输出端会在不同频率位置处产生多个谐波,使用滤波器滤出频率为 $f_{\text{harmonic1}}$ 的谐波信号,其中 $f_{\text{harmonic1}}$ 与 f_{in} 和 f_{CW1} 的关系如图所示。同理,在另一段 HNLF 输出端口处使用滤波器滤出频率为 $f_{\text{harmonic2}}$ 的谐波信号。在第 3 段 HNLF 中,输入信号与两个经 BPF 滤出的谐波能够在输入信号的频率处生成 $-(M-1)$ 次谐波,将该生成的谐波与输入信号在相同的频率处进行相干叠加,其过程如式(5-1)所示。

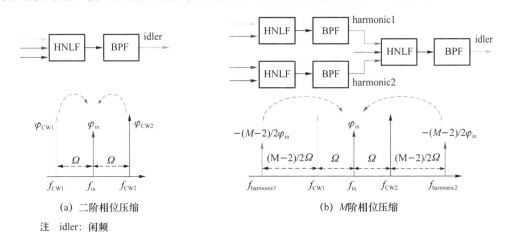

(a) 二阶相位压缩   (b) M阶相位压缩

注　idler: 闲频

图 5-1　利用 PSA 进行相位压缩

$$E_{\text{out}} = |A_{\text{out}}| e^{i\varphi_{\text{out}}} = E_{\text{in}} + E_{\text{idler}} = e^{i\varphi_{\text{in}}} + m e^{-i(M-1)\varphi_{\text{in}}} \tag{5-1}$$

其中:E_{out} 表示输出信号的光场,A_{out} 和 φ_{out} 分别表示 PSA 之后输出信号的幅度和相位。E_{in} 和 E_{idler} 分别表示归一化后的输入信号的光场和生成的闲频光的光场,m 表示 $-(M-1)$ 次谐波与输入信号之间的幅度比。当 $\varphi_{\text{in}} = -(M-1)\varphi_{\text{in}} \pm 2k\pi$($k=0,1,2,\cdots$)时,$-(M-1)$ 次谐波与输入信号相干加强,那么具有初始相位 $\varphi_{\text{in}} = \pm 2k\pi/M$ 的输入符号将会被放大。当 $\varphi_{\text{in}} = -(M-1)\varphi_{\text{in}} \pm (2k+1)\pi$($k=0,1,2,\cdots$)时,$-(M-1)$ 次谐波与输入信号相干减弱,那么具有初始相位 $\varphi_{\text{in}} = \pm(2k+1)\pi/M$ 的输入符号将会被衰减。因此,基于上述原理,能够将高阶相位调制格式信号压缩为低阶相位调制格式信号。此外,还应该注意到,前面的分析假定两个 CW 泵浦的相位为 0,实际上,这两个泵浦的相位可以根据需要滤出的信号相位进行适当调整。

5.1.2　仿真结果与数据分析

图 5-2 给出了二阶相位压缩的仿真结构,对应图 5-1(a),图 5-2 中 QPSK 信号通过两个相位调制器生成,然后将输入信号经过分光器后分为两路,分别验证对 0 和 π 相位信号的压缩和 π/2 和 3π/2 相位信号的压缩。上支路对应的是对 0 和 π 相位的压缩,两路泵浦光信号的强度为 77 mW,相位为 π/2。仿真结果如图 5-3 和图 5-4 所示,图 5-3 给出了输入信号对应的波形和相位,图 5-4 给出了经过相位压缩后的信号的输出波形,可以看出相位为 0 或 π 的信号的强度被压缩到了 0 mW,相位为 π/2 和 3π/2 的信号的强度没有改变,实现了对 0 和 π 相位的相位压缩功能。同理,下支路对应的是对 π/2 和 3π/2 相位信号的压缩,泵浦信号的强度为 77 mW,相位为 0。仿真结果如图 5-3 和图 5-5 所示,可以看出相位为 π/2 和

$3\pi/2$ 的信号的强度被压缩到了 0 mW,实现了对 $\pi/2$ 和 $3\pi/2$ 相位的相位压缩功能。

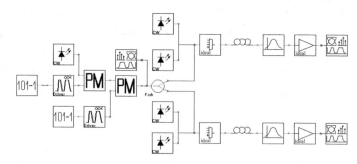

图 5-2　二阶相位压缩仿真结构

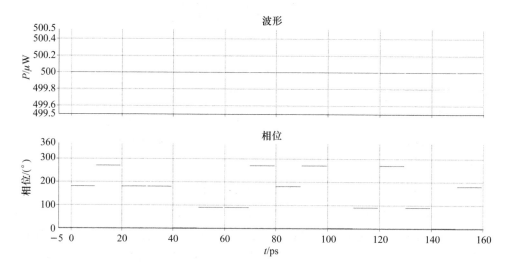

图 5-3　输入信号的波形和相位

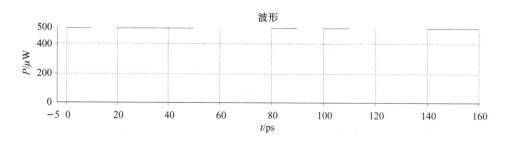

图 5-4　压缩 0 和 π 相位后输出信号的波形

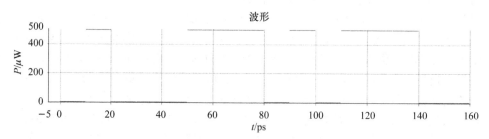

图 5-5　压缩 $\pi/2$ 和 $3\pi/2$ 相位后输出信号的波形

图 5-6 给出了四阶相位压缩的仿真结构,对应图 5-1(b),图中 8PSK 信号通过 3 个相位调制器生成,然后将输入信号经过分光器后分为两路,分别验证对 $\pi/4$、$3\pi/4$、$5\pi/4$ 和 $7\pi/4$ 相位信号的压缩和对 0、$\pi/2$、$\pi/4$ 和 $3\pi/2$ 相位信号的压缩。上支路对应的是对 $\pi/4$、$3\pi/4$、$5\pi/4$ 和 $7\pi/4$ 相位的压缩,两路泵浦光信号的相位为 0。仿真结果如图 5-7 和图 5-8 所示,图 5-7 给出了输入信号对应的波形和相位,图 5-8 给出了经过相位压缩后的输出信号的波形,可以看出相位为 $\pi/4$、$3\pi/4$、$5\pi/4$ 和 $7\pi/4$ 的信号的强度被压缩到了 0 mW,相位为 0、$\pi/2$、$\pi/4$ 和 $3\pi/2$ 的信号的强度没有改变,实现了对 $\pi/4$、$3\pi/4$、$5\pi/4$ 和 $7\pi/4$ 相位的相位压缩功能。同理,下支路对应的是对 0、$\pi/2$、$\pi/4$ 和 $3\pi/2$ 相位信号的压缩,泵浦信号的相位为 $\pi/4$。仿真结果如图 5-7 和图 5-9 所示,可以看出相位为 0、$\pi/2$、$\pi/4$ 和 $3\pi/2$ 的信号的强度被压缩到了 0 mW,实现了对 0、$\pi/2$、$\pi/4$ 和 $3\pi/2$ 相位的相位压缩功能。

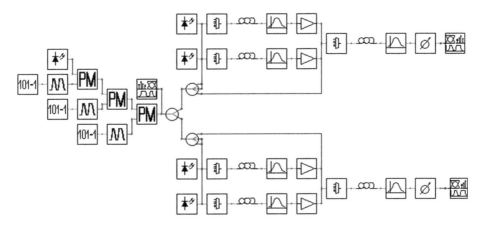

图 5-6　四阶相位压缩仿真结构

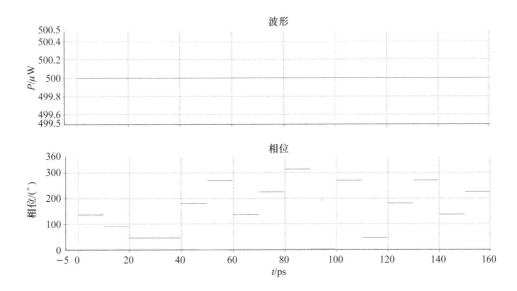

图 5-7　输入信号的波形和相位

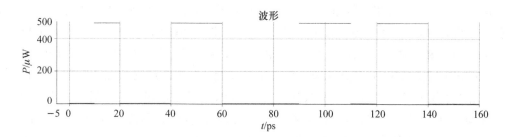

图 5-8 压缩 $\pi/4$、$3\pi/4$、$5\pi/4$ 和 $7\pi/4$ 相位后输出信号的波形

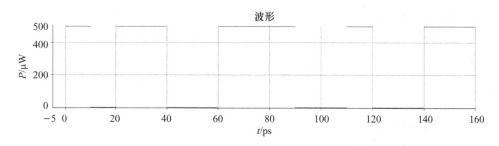

图 5-9 压缩 0、$\pi/2$、$\pi/4$ 和 $3\pi/2$ 相位后输出信号的波形

5.2 基于相位压缩的面向 QPSK 信号的全光序列匹配系统

对于 QPSK 信号来说，一种简单的实现符号匹配模块的方法与 BPSK 信号类似，即利用单个复用器将输入符号与目标符号进行匹配。然而，这种方法很明显会导致符号匹配模块的输出结果性能下降，这将进一步影响后续操作及最终输出。这里可以通过量化消光比（Extinction Ratio，ER）和对比度（Contrast Ratio，CR）等指标来评估输出性能。ER 和 CR 的定义分别如式（5-2）和式（5-3）所示，其中 $P_{\min}^1$ 表示输出逻辑"1"的最小峰值功率，$P_{\max}^0$ 表示输出逻辑"0"的最大峰值功率，P_{mean}^1 和 P_{mean}^0 则分别表示输出逻辑"1"和逻辑"0"的平均峰值功率[3-4]。理想情况下，当输入为 BPSK 信号时，经过理想复用器之后输出的 ER 和 CR 值应为无穷，然而，当输入为 QPSK 信号时，若将 QPSK 信号的幅度进行归一化，那么将不同 QPSK 输入信号和目标序列组合输入复用器之后的输出功率如表 5-1 所示。可以看到，理想情况下，当输入信号与目标序列匹配时，输出为逻辑"1"；当输入信号与目标序列不匹配时，输出为逻辑"0"。因此，输出逻辑"1"的功率总是 4，而对于输出逻辑"0"来说，取决于输入信号和目标序列的相位差，其功率可为 0 或 2。若输入信号与目标序列的相位差为 $\pi/2$ 时，输出逻辑"0"的最大功率为 2；若输入信号与目标序列的相位差为 π 时，输出逻辑"0"的功率为 0。因此，输出逻辑"0"的平均功率为 $(2+0+2+2+2+0+0+2+2+2+0+2)/12\approx$ 1.33，在经过复用器之后，输出的 ER 将会降为 $10\log(4/2)\approx 3$ dB，而输出的 CR 将会降为 $10\log(4/1.33)\approx4.8$ dB。若考虑噪声的影响，最终的输出结果很可能会出现错误。此外，这种方法难以扩展到具有高阶相位调制格式的信号中，因为在相同的输入 OSNR（Optical

Signal Noise Ratio,光信噪比)下,符号间距将会减小,利用单个复用器来进行符号匹配将会变得越来越困难。为了提高面向高阶相位调制格式信号的全光序列匹配系统的输出性能,本章尝试利用相位压缩,将具有高阶调制格式的信号降为多路包含低阶调制格式的信号,使得在每路包含低阶调制格式信号的星座图中,任意两个符号之间的距离得以增加。最终,在每路处理分支中能够识别出其中两个符号。

$$ER(dB) = 10\log\left(\frac{P_{\min}^1}{P_{\max}^0}\right) \tag{5-2}$$

$$CR(dB) = 10\log\left(\frac{P_{\text{mean}}^1}{P_{\text{mean}}^0}\right) \tag{5-3}$$

表 5-1　不同 QPSK 输入信号和目标序列组合输入复用器之后的输出功率

目标序列	输入信号			
	0	$\pi/2$	π	$3\pi/2$
0	4	2	0	2
$\pi/2$	2	4	2	0
π	0	2	4	2
$3\pi/2$	2	0	2	4

若输入 QPSK 信号的频率为 ω_0,为了实现从 QPSK 信号到 BPSK 信号的二阶相位压缩,选择两个初始相位为 0,频率分别为 $\omega_0-\Omega$ 和 $\omega_0+\Omega$ 的 CW 泵浦 P_{QPSK1} 和 P_{QPSK2}。将输入的 QPSK 信号、P_{QPSK1} 和 P_{QPSK2} 同时输入 HNLF 中,由于光纤中的 FWM 效应,在频率为 ω_0 的位置会产生一个相位为 $-\varphi_{\text{in}}$ 的闲频光。该 FWM 过程中光场和相位的关系为

$$E_{\text{idler1}} \propto E_{P_{\text{QPSK1}}} E_{P_{\text{QPSK2}}} E_{\text{in}}^* \tag{5-4}$$

$$\varphi_{\text{idler1}} = \varphi_{P_{\text{QPSK1}}} + \varphi_{P_{\text{QPSK2}}} - \varphi_{\text{in}} = -\varphi_{\text{in}} \tag{5-5}$$

同时,该生成的相位为 $-\varphi_{\text{in}}$ 的闲频光会与输入的 QPSK 信号相干叠加,进而实现 QPSK 信号的二阶相位压缩。当输入信号的相位 $\varphi_{\text{in}} = -\varphi_{\text{in}} \pm 2k\pi(k=0,1,2,\cdots)$ 时,即具有初始相位 $\varphi_{\text{in}} = 0,\pi$ 的 QPSK 符号将会被放大。当输入信号的相位 $\varphi_{\text{in}} = -\varphi_{\text{in}} \pm (2k+1)\pi(k=0,1,2,\cdots)$ 时,即具有初始相位 $\varphi_{\text{in}} = \pi/2,3\pi/2$ 的 QPSK 符号将会被衰减。通过适当调整两个泵浦 P_{QPSK1} 和 P_{QPSK2} 的功率,理论上具有初始相位 $\varphi_{\text{in}} = \pi/2,3\pi/2$ 的 QPSK 符号的功率可以衰减到 0。类似地,选择两个频率分别为 $\omega_0-\Omega$ 和 $\omega_0+\Omega$ 的 CW 泵浦 P_{QPSK3} 和 P_{QPSK4},每个泵浦的初始相位均为 $\pi/2$。该 FWM 过程中光场和相位的关系为

$$E_{\text{idler2}} \propto E_{P_{\text{QPSK3}}} E_{P_{\text{QPSK4}}} E_{\text{in}}^* \tag{5-6}$$

$$\varphi_{\text{idler2}} = \varphi_{P_{\text{QPSK3}}} + \varphi_{P_{\text{QPSK4}}} - \varphi_{\text{in}} = \frac{\pi}{2} + \frac{\pi}{2} - \varphi_{\text{in}} = \pi - \varphi_{\text{in}} \tag{5-7}$$

在这种情况下,具有初始相位 $\varphi_{\text{in}} = \pi/2,3\pi/2$ 的 QPSK 符号将会被放大,而具有初始相位 $\varphi_{\text{in}} = 0,\pi$ 的 QPSK 符号的功率理论上可以衰减到 0。

图 5-10 为面向 QPSK 信号的全光序列匹配系统示意图[3]。首先,符号匹配模块将输入信号分解为两个分支,在利用 PSA 完成从 QPSK 信号到 BPSK 信号的相位压缩之后,每个分支中最终只包含一对 BPSK 符号以及理论上的空符号。与此同时,与输入 QPSK 信号具有相同中心频率的目标序列也被分为两个分支,其中每个分支包含一对 BPSK 符号以及空符号。如图所示,由于目标序列 1 包含初始相位 $\varphi_{\text{in}} = 0,\pi$ 的符号,而目标序列 2 包含初始相

位 $\varphi_{in}=\pi/2,3\pi/2$ 的符号,当目标序列 2 中出现初始相位 $\varphi_{in}=\pi/2,3\pi/2$ 的符号时,目标序列 1 中就会出现空符号,反之亦然。随后,将每个分支的相位压缩后信号进一步分成两个部分,并且这两个部分将分别进入两条不同的路径。其中一路在经过频率变换之后将会作为接下来第 1 个与门的其中一路输入,另外一路与位于相同频率 ω_0 的目标序列同时进入复用器。这里,接下来的两个与门用于消除相位压缩后信号与目标序列 1、2 中的空符号对符号匹配过程的影响。最后,将两路第 2 个与门的输出结果接入复用器,从而得到输入符号与当前目标符号的匹配结果。

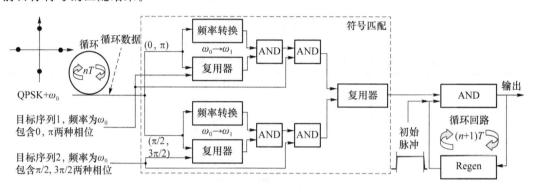

图 5-10　面向 QPSK 信号的全光序列匹配系统示意图

图 5-11 给出了面向 QPSK 信号的全光序列匹配系统的仿真结构,与图 5-10 相对应。图中 QPSK 信号的信号速率为 100 GBaud,通过两个相位调制器产生,输入信号为($3\pi/2$, 0,π,$3\pi/2$,0,$\pi/2$,π,$3\pi/2$),波形如图 5-12 所示。目标序列为(π,$3\pi/2$,0,$\pi/2$),与输入信号的第 3 到 6 位相匹配。仿真系统中使用的 HNLF 的长度为 1 007 m,非线性系数为 6.29×10^{-23} m^2/W。

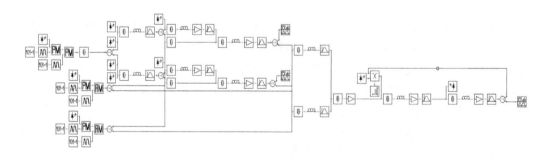

图 5-11　面向 QPSK 信号的全光序列匹配系统仿真结构

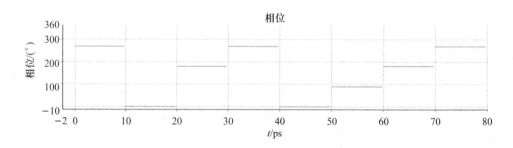

图 5-12　输入信号的相位波形

对于 QPSK 信号的匹配在原理部分已经指出需要将 QPSK 信号通过相位压缩,压缩为两个 BPSK 信号后进行匹配。匹配系统的上支路匹配 $(0,\pi)$ 两个相位的信号,下支路匹配 $(\pi/2,3\pi/2)$ 两个相位的信号。所以对于目标序列来说也应该拆解为两组 BPSK 信号。对于第 1 位目标序列 π,应该在匹配系统的上支路进行匹配,因此上支路目标信号的幅度调制器的输入为高电平,相位调制器的输入为高电平(当相位调制器输入为高电平时表示有 $180°$ 的相位偏转),下支路目标信号的幅度调制器的输入为低电平,相位调制器的输入为低电平。目标信号的第 2 位为 $3\pi/2$,应该在匹配系统的下支路进行匹配,所以上支路目标信号的幅度调制器和相位调制器的输入均为低电平,下支路目标信号的幅度调制器的输入为高电平,相位调制器的输入为高电平,后续的两位目标序列同理。系统的仿真结果如图 5-13 所示。其中图 5-13(a)为目标序列第 1 位与数据信号的匹配结果,可以看出目标序列的第 1 位与数据信号的第 3 位相匹配。5-13(b)为第 1 位的匹配结果延迟 $(N+1)T$ 后与第 2 位的匹配结果相与对应的输出,此时输出结果第 4 位为高电平,说明目标信号的第 1 位和第 2 位与数据信号的第 3 位和第 4 位相匹配。与此同理,图 5-13(c)和图 5-13(d)分别表示前三位和前四位与数据信号进行匹配后的结果,由图 5-13(d)可以看出,输出结果的第 6 位为高电平,这说明目标信号与数据信号的第 3~6 位相匹配,匹配结果与输入的数据相对应,该系统实现了对 QPSK 信号的匹配功能。

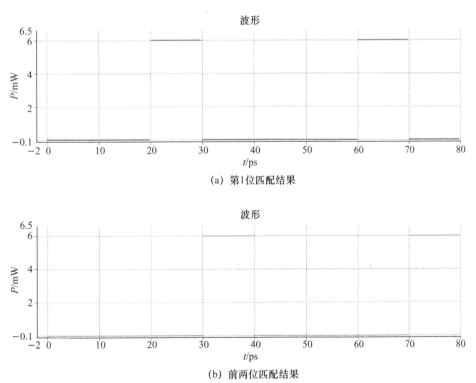

(a) 第1位匹配结果

(b) 前两位匹配结果

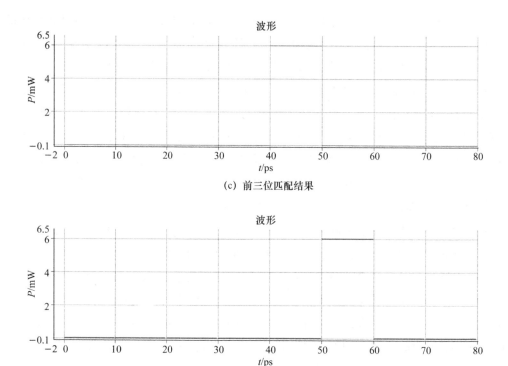

(c) 前三位匹配结果

(d) 前四位匹配结果

图 5-13　面向 QPSK 信号的全光序列匹配系统的仿真结果

5.3　基于相位压缩的面向 8PSK 信号的全光序列匹配系统

如图 5-14 所示,对于输入的 8PSK 信号,首先通过四阶相位压缩将 8PSK 信号转换为两路包含 QPSK 信号的符号序列,然后与图 5-10 中处理 QPSK 信号类似,利用二阶相位压缩进一步将每路 QPSK 信号转换为两路包含 BPSK 信号的符号序列[3-4]。因此,这里只详细介绍从 8PSK 信号转换为两路包含 QPSK 信号的符号序列这一过程。假定输入 8PSK 信号的频率为 ω_0,选择一个频率为 $\omega_0-\Omega$,相位为 0 的 CW 泵浦 P_{8PSK1},将输入的 8PSK 信号和 P_{8PSK1} 同时输入到一段 HNLF 中,由于在 HNLF 中发生的 FWM 效应,在频率为 $\omega_0-2\Omega$ 处会生成谐波 H_{8PSK1}。同时,选择另一个频率为 $\omega_0+\Omega$、相位为 0 的 CW 泵浦 P_{8PSK2},经过 FWM 效应之后,在频率为 $\omega_0+2\Omega$ 处会生成另一谐波 H_{8PSK2}。在这两个 FWM 过程之后,H_{8PSK1} 和 H_{8PSK2} 的相位应为 $-\varphi_{in}$。然后,将输入的 8PSK 信号、H_{8PSK1} 和 H_{8PSK2} 同时输入到下一段 HNLF 中,由于 HNLF 中的 FWM 效应,在频率为 ω_0 的位置会生成一个相位为 $-3\varphi_{in}$ 的闲频光。式(5-8)~式(5-13)描述了这些 FWM 过程中光场和相位的关系。

$$E_{H_{8PSK1}} \propto E_{P_{8PSK1}} E_{P_{8PSK1}} E_{in}^* \tag{5-8}$$

$$\varphi_{H_{8PSK1}} = 2\varphi_{P_{8PSK1}} - \varphi_{in} = 2 \times 0 - \varphi_{in} = -\varphi_{in} \tag{5-9}$$

$$E_{H_{8PSK2}} \propto E_{P_{8PSK2}} E_{P_{8PSK2}} E_{in}^* \tag{5-10}$$

$$\varphi_{H_{8PSK2}} = 2\varphi_{P_{8PSK2}} - \varphi_{in} = 2 \times 0 - \varphi_{in} = -\varphi_{in} \tag{5-11}$$

$$E_{idler3} \propto E_{H_{8PSK1}} E_{H_{8PSK2}} E_{in}^* \tag{5-12}$$

$$\varphi_{idler3} = \varphi_{H_{8PSK1}} + \varphi_{H_{8PSK2}} - \varphi_{in} = -3\varphi_{in} \tag{5-13}$$

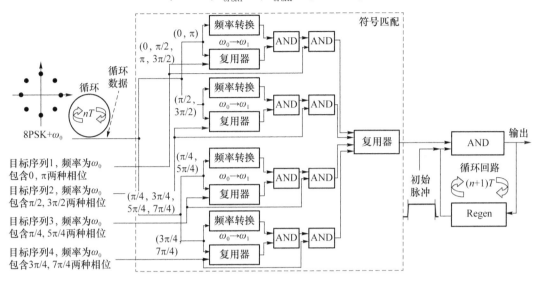

图 5-14　面向 8PSK 信号的全光序列匹配系统示意图

产生的闲频光将会与输入信号相干叠加,当输入信号相位 $\varphi_{in} = 0, \pi/2, \pi, 3\pi/2$ 时,发生干涉相长;当输入信号相位 $\varphi_{in} = \pi/4, 3\pi/4, 5\pi/4, 7\pi/4$ 时,发生干涉相消。因此,输入相位 $\varphi_{in} = 0, \pi/2, \pi, 3\pi/2$ 的 8PSK 符号将会被放大。此外,通过适当调整 P_{8PSK1} 和 P_{8PSK2} 的功率,理论上可以将输入相位 $\varphi_{in} = \pi/4, 3\pi/4, 5\pi/4, 7\pi/4$ 的 8PSK 符号的功率衰减为 0。为了获得包含另外一路 QPSK 信号的符号序列,需要另外两个相位为 $\pi/4$,频率分别为 $\omega_0 - \Omega$ 和 $\omega_0 + \Omega$ 的 CW 泵浦 P_{8PSK3} 和 P_{8PSK4}。那么生成的闲频光的频率为 ω_0,相位为 $\pi - 3\varphi_{in}$。式(5-14)～式(5-19)给出了这些 FWM 过程中光场和相位的关系。因此,输入相位 $\varphi_{in} = \pi/4, 3\pi/4, 5\pi/4, 7\pi/4$ 的 8PSK 符号将会被放大,而输入相位 $\varphi_{in} = 0, \pi/2, \pi, 3\pi/2$ 的 8PSK 符号的功率理论上可以衰减为 0。

$$E_{H_{8PSK3}} \propto E_{P_{8PSK3}} E_{P_{8PSK3}} E_{in}^* \tag{5-14}$$

$$\varphi_{H_{8PSK3}} = 2\varphi_{P_{8PSK3}} - \varphi_{in} = 2 \times \frac{\pi}{4} - \varphi_{in} = \frac{\pi}{2} - \varphi_{in} \tag{5-15}$$

$$E_{H_{8PSK4}} \propto E_{P_{8PSK4}} E_{P_{8PSK4}} E_{in}^* \tag{5-16}$$

$$\varphi_{H_{8PSK4}} = 2\varphi_{P_{8PSK4}} - \varphi_{in} = 2 \times \frac{\pi}{4} - \varphi_{in} = \frac{\pi}{2} - \varphi_{in} \tag{5-17}$$

$$E_{idler4} \propto E_{H_{8PSK3}} E_{H_{8PSK4}} E_{in}^* \tag{5-18}$$

$$\varphi_{idler4} = \varphi_{H_{8PSK3}} + \varphi_{H_{8PSK4}} - \varphi_{in} = \pi - 3\varphi_{in} \tag{5-19}$$

图 5-15 所示为 8PSK 信号到 BPSK 信号的相位压缩示意图。首先,输入的 8PSK 信号通过四阶相位压缩转换成两路 QPSK 信号,随后每路 QPSK 信号又可以通过二阶相位压缩分解为两路 BPSK 信号。因此,一路具有高阶相位调制格式的信号能够压缩为多路具有低阶相位调制格式的信号。进一步地,通过复用多个面向低阶调制格式信号的序列匹配结果,能够得到面向高阶调制格式信号的序列匹配结果。

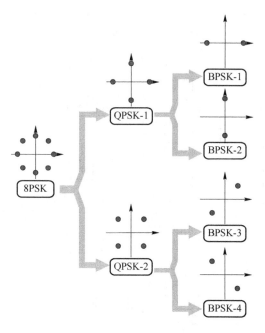

图 5-15 8PSK 信号到 BPSK 信号的相位压缩示意图

图 5-16 给出了面向 8PSK 信号的全光序列匹配系统的仿真结构,其中输入信号通过 3 个相位调制器调制生成,幅度为 0.5 mW,符号速率为 100 GBaud。由于 8PSK 信号经过两次相位压缩后被压缩为 4 组 BPSK 信号,所以 8PSK 调制格式的目标序列也应转换为对应的 4 组 BPSK 信号,每组 BPSK 信号通过幅度调制器决定该位置是否应该存在目标序列,通过相位调制器决定该位置的信号相位为 0 或 π。例如目标序列的某一位为 π/2 时,此时应该与经过相位压缩后得到的第 3 组 BPSK 信号相匹配,所以第 1、2 和 4 组目标序列的幅度调制器的输入均为 0,相位调制器的输入默认为 0,第 3 组目标序列的幅度调制器的输入为 1,由于输入信号为 π/2,目标序列不需要经过 π 的相移,所以相位调制器的输入为 0,这就可以实现对输入信号中相位为 π/2 的符号的匹配。每一位的匹配结果经过延迟相与后得到整段目标序列与输入信号的匹配结果,与面向 QPSK 信号的匹配系统相同,该系统使用的 HNLF 的长度为 1 007 m,非线性系数为 6.29×10^{-23} m²/W。

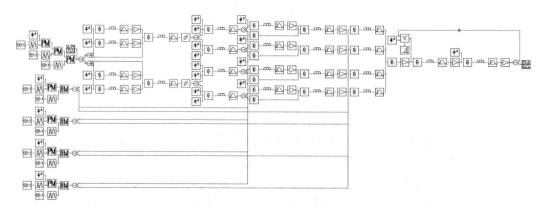

图 5-16 面向 8PSK 信号的全光序列匹配系统仿真结构

图 5-17 给出了调制格式为 8PSK 的输入信号的相位波形,可以看出输入信号的相位为 $(0, \pi/4, \pi/2, 3\pi/4, \pi, 5\pi/4, 3\pi/2, 7\pi/4)$。设目标信号为 $(\pi/2, 3\pi/4, \pi, 5\pi/4, 3\pi/2)$,与输入信号的第 3~6 位相匹配。

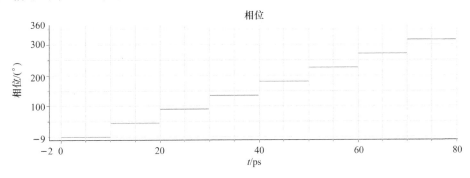

图 5-17　8PSK 输入信号的相位波形

图 5-18 给出了目标序列与输入信号进行序列匹配的输出结果,其中图 5-18(a)代表第 1 位目标序列与输入信号的匹配结果,已知第 1 位目标序列的相位为 $\pi/2$,与输入信号的第 3 位相对应,而图 5-18(a)中第 3 位为高电平,表示第 1 位目标序列与输入信号的第 3 位匹配成功。图 5-18(b)为第 1 位目标序列的匹配结果经过 $(N+1)T$ 的延迟后与第 2 位的匹配结果相与对应的输出,表示前两位目标序列与输入信号的匹配结果。观察数据可以看出,前两位目标序列 $\pi/2$、$3\pi/4$ 与输入信号的第 3 位和第 4 位相匹配,而图 5-18(b)中第 4 位为高电平,表示前两位目标序列与第 3 位和第 4 位输入信号匹配成功,图 5-18(c)和 5-18(d)同理,分别表示前三位目标序列和四位目标序列与输入信号匹配成功。以上结果表明该系统实现了对 8PSK 信号的全光序列匹配。

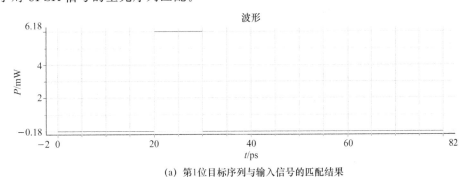

(a) 第1位目标序列与输入信号的匹配结果

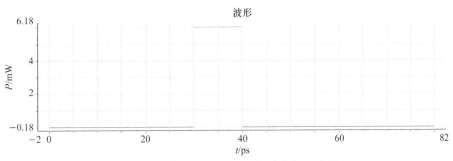

(b) 前两位目标序列与输入信号的匹配结果

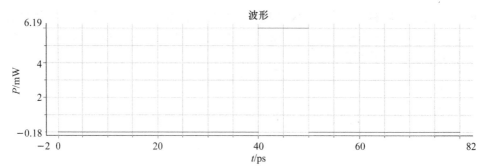

(c) 前三位目标序列与输入信号的匹配结果

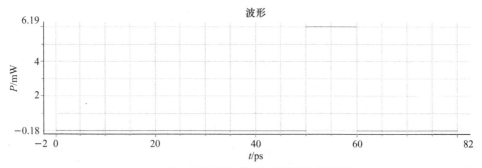

(d) 目标序列与输入信号的最终匹配结果

图 5-18　8PSK 信号匹配系统输出结果波形

5.4　基于相位压缩的面向 16QAM 信号的全光序列匹配系统

如图 5-19 所示,当输入信号为 16QAM 时,首先通过分光器将信号分为四路,然后每一路分别经过 3 次不同的四阶相位压缩将 16QAM 信号转换为 QPSK 信号,然后与上述基于 QPSK 信号的全光序列匹配系统类似,进一步将每一路包含 QPSK 信号的序列降为两路符号序列,其中每路符号序列中包含一对相位差为 π 的 BPSK 符号[3-4]。因此,此处只对从一路 16QAM 信号转换为 QPSK 信号的过程做出详细介绍。图 5-19 给出了 16QAM 信号的星座图,可以看出,星座图中的 16 个点可以看成四组 QPSK 信号,分别是 A 组信号{0001,1001,1101,0101}、B 组信号{0000,1000,1100,0100}、C 组信号{0011,1011,1111,0111}和 D 组信号{0010,1010,1110,0110}。图中第一支路得到了{0001,1001,1101,0101},其压缩过程为首先压缩{0011,1011,1111,0111},然后压缩{0010,1010,1110,0110},最后压缩{0000,1000,1100,0100}。在 8PSK 信号的相位压缩过程中,两组 QPSK 信号之间的相位间隔为 π/4,当一组信号被压缩时,另一组信号会被放大,该结论已在 8PSK 信号的匹配系统证明。但是对于 16QAM 信号,不同组的 QPSK 信号之间的相位间隔并不是 π/4,因此在对其中一组 QPSK 信号进行相位压缩时,其他组的 QPSK 信号会对应产生一个与输入信号存在一定相位差的信号,经过相位压缩系统后,未被压缩的信号的相位会发生变换,下面以第一支路为例说明。

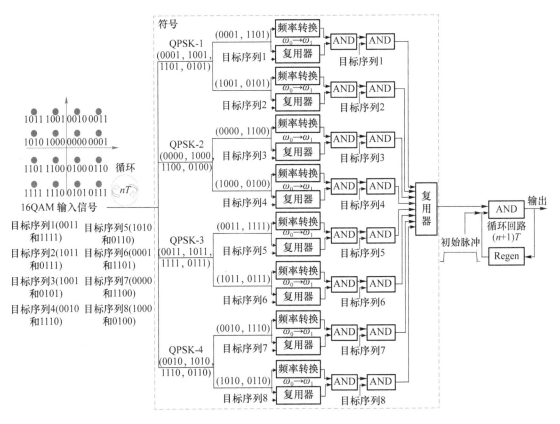

图 5-19　面向 16QAM 信号的全光序列匹配系统示意图

首先设 16QAM 信号的内圈信号的功率为 1 mW,中间圈信号的功率为 5 mW,外圈信号的功率为 9 mW。第一支路经过第 1 次相位压缩后,C 组信号状态被压缩。对于 D 组来说,D 组 4 个状态的功率为 5 mW,相位分别为 $71.56°$、$161.56°$、$251.56°$、$341.56°$,经过第 1 次相位压缩后,新产生的 E_{in} 的强度为 1.54 mW,相位分别为 $145.32°$、$-124.68°$、$-394.68°$、$-664.68°$。通过矢量计算可以得到此时 D 组在星座图中的位置变为 $(5.63,86.79°)$、$(5.63,176.79°)$、$(5.63,-93.21°)$、$(5.63,-3.21°)$。

对于 B 组来说,B 组 4 个状态的功率为 1 mW,相位分别为 $45°$、$135°$、$225°$、$315°$,经过第 1 次相位压缩后,新产生的 E_{in} 的强度为 0.01 mW,相位分别为 $225°$、$-45°$、$-315°$、$-585°$。通过矢量计算可以得到此时 B 组在星座图中的位置变为 $(0.99,45°)$、$(0.99,135°)$、$(0.99,225°)$、$(0.99,315°)$。

对于 A 组来说,A 组 4 个状态的功率为 5 mW,相位分别为 $9.43°$、$108.43°$、$198.43°$、$288.43°$,经过第 1 次相位压缩后,新产生的 E'_{in} 的强度为 1.54 mW,相位分别为 $304.71°$、$34.71°$、$-235.29°$、$-505.29°$。通过矢量计算可以得到此时 A 组在星座图中的位置变为 $(5.63,3.20°)$、$(5.63,93.20°)$、$(5.63,-176.80°)$、$(5.63,-86.80°)$。

可以看出,经过第 1 次对 C 组信号状态进行相位压缩后,A、B 和 D 组信号状态在星座图中的位置发生变化,但是仍然满足相邻状态相位差为 $90°$。

根据求得的 D 组信号,此时在星座图中的位置可以计算得到第一支路第 2 次相位压缩两路泵浦光的相位为 $131.79°$,调整 EDFA 的参数使 E'_{in} 的功率为 5.63 mW。此时以 D 组信号状态进行传输的信号被压缩到原点,B组和A组的信号在星座图中的位置再次发生变化,计算得到此时B组信号的位置为$(1.02,44.63°)$、$(1.02,134.63°)$、$(1.02,-135.37°)$、$(1.02,-45.37°)$。A组信号的位置为$(2.50,80.38°)$、$(2.50,170.38°)$、$(2.50,-99.62°)$、$(2.50,-9.62°)$。

第一支路的第3个相位压缩模块需要对B组信号进行压缩,两路泵浦光的相位为$89.63°$。调整EDFA的输出功率为$1.02\ mW$,以B组内信号状态进行传输的信号被压缩到零点,A组信号在星座图中的位置变为$(17.08,112.33°)$、$(17.08,-157.67°)$、$(17.08,-67.67°)$、$(17.08,22.33°)$。此时第一支路完成了对以B、C、D组内信号状态进行传输信号的压缩,仅剩以A组内状态传输的信号。第二、三、四支路同理,第二支路可以得到以B组内信号状态传输的信号,其余信号全部被压缩;第三支路可以得到以C组内信号状态传输的信号,其余信号全部被压缩;第四支路可以得到以D组内信号状态传输的信号,其余信号全部被压缩。经过上述过程后,4条支路分别将16QAM输入信号压缩到了对应的QPSK信号,后续过程为QPSK信号的匹配过程,此处不再赘述。

图5-20所示为面向16QAM信号的全光序列匹配系统的仿真结构,可以看出输入信号按照上述原理介绍被压缩为4组QPSK信号,然后每组QPSK信号又被压缩为两组BPSK信号,然后对8组BPSK信号进行匹配。所以目标信号也被拆分为8组BPSK信号,图中包含8组目标信号生成模块,每个模块由一个幅度调制器和一个相位调制器组成。通过幅度调制器控制该时刻该组BPSK信号是否应该有信号,同一时刻只会有1组目标生成模块的幅度调制器的输入为高电平,表示目标序列在该时刻为该组BPSK信号对应的16QAM信号。通过耦合器将每一路BPSK信号的匹配结果进行整合,然后进入后续的循环相与结构,此结构与上述QPSK信号匹配系统和8PSK信号匹配系统的循环相与结构相同,此处不再赘述。

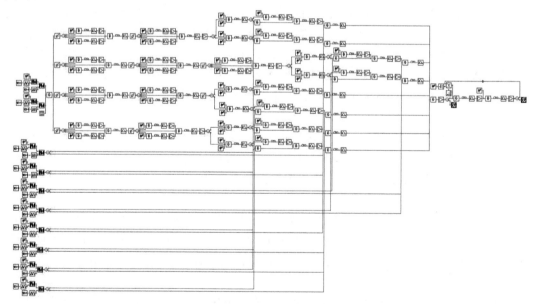

图5-20 面向16QAM信号的全光序列匹配系统仿真结构

图5-21给出了输入信号的幅度和相位,可以看出输入信号为{$(10\ mW,8.4°)$,$(10\ mW,71.6°)$,$(2\ mW,135°)$,$(10\ mW,161.6°)$,$(18\ mW,225°)$,$(10\ mW,251.6°)$,

$(10\,\mathrm{mW},288.4°),(10\,\mathrm{mW},341.6°)\}$,与矩形 16QAM 星座图中的 8 个点相对应,设目标序列为 $\{(10\,\mathrm{mW},161.6°),(18\,\mathrm{mW},225°),(10\,\mathrm{mW},251.6°),(10\,\mathrm{mW},288.4°)\}$,与输入信号的第 4～7 位相匹配。

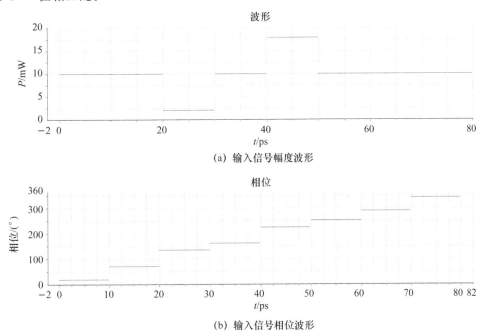

(a) 输入信号幅度波形

(b) 输入信号相位波形

图 5-21　输入信号的幅度和相位波形

图 5-22 给出了目标序列与输入信号的匹配结果,其中图 5-22(a)表示第 1 位目标序列与输入信号的匹配结果,从图中可以看出高电平的位置为第 4 位,这表明第 1 位目标序列与输入信号的第 4 位相匹配,观察输入序列的数据可以看出,第 1 位目标序列(10 mW, 161.6°)确实与输入信号的第 4 位相匹配。图 5-22(b)表示第 1 位目标信号的匹配结果经过 $(N+1)T$ 的延迟后与第 2 位目标信号的匹配结果相与的输出,表示前两位与输入信号的匹配结果。从图中可以看出,输出结果第 5 位为高电平,这表示前两位目标序列与输入信号的第 4 位和第 5 位相匹配。图 5-22(c)和(d)同理,分别表示从输入信号中定位到了前三位目标序列和整段目标序列。通过观察最后一帧的输出结果,即图 5-22(d),可以判断出整段目标序列是否与输入信号中的某段序列相匹配,实现了面向 16QAM 信号的全光序列匹配功能。

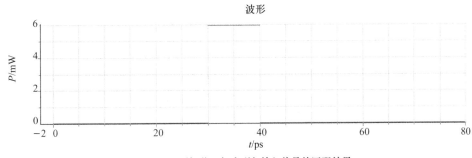

(a) 第1位目标序列与输入信号的匹配结果

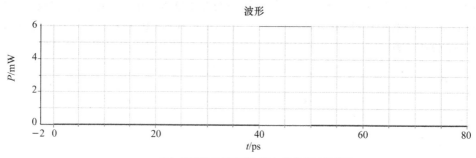

(b) 前两位目标序列与输入信号的匹配结果

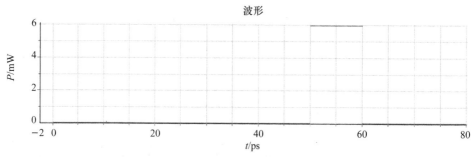

(c) 前三位目标序列与输入信号的匹配结果

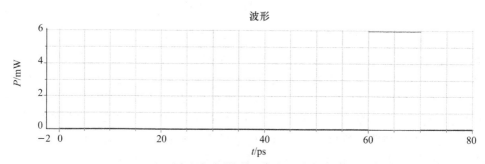

(d) 目标序列与输入信号的最终匹配结果

图 5-22　面向 16QAM 信号匹配系统输出结果波形

5.5　平方器原理

平方器的实现结构和相位翻倍的原理分别如图 5-23 和图 5-24 所示。在图 5-23 中,平方器由连续波(CW)泵浦光源、一段 HNLF 和带通滤波器组成。CW 泵浦表示为 P,输入光信号表示为 S。将输入光信号 S 和 CW 泵浦 P 同时注入 HNLF 中,在 HNLF 中会出现 FWM 效应,并生成新的闲频光 id。在简并 FWM 的参数化过程中,当 CW 泵浦光信号和输入光信号在光纤中传播时,耦合方程为

$$\frac{\mathrm{d}A_P}{\mathrm{d}z}=\mathrm{i}\gamma\{[\,|A_P|^2+2(\,|A_S|^2+|A_{\mathrm{id}}|^2)\,]A_P+2A_SA_{\mathrm{id}}A_P^*\exp(\mathrm{i}\Delta\beta z)\} \qquad (5\text{-}20)$$

$$\frac{\mathrm{d}A_S}{\mathrm{d}z}=\mathrm{i}\gamma\{[\,|A_S|^2+2(\,|A_P|^2+|A_{\mathrm{id}}|^2)\,]A_S+A_P^2A_{\mathrm{id}}^*\exp(\mathrm{i}\Delta\beta z)\}\tag{5-21}$$

$$\frac{\mathrm{d}A_{\mathrm{id}}}{\mathrm{d}z}=\mathrm{i}\gamma\{[\,|A_{\mathrm{id}}|^2+2(\,|A_P|^2+|A_S|^2)\,]A_{\mathrm{id}}+A_P^2A_S^*\exp(\mathrm{i}\Delta\beta z)\}\tag{5-22}$$

$$\Delta\beta=-2\pi cS(\lambda_P-\lambda_0)(\lambda_P-\lambda_S)^2/\lambda_0^2\tag{5-23}$$

其中:$\Delta\beta$ 为线性相位失配常数,A_S、A_P 和 A_{id} 分别表示输入光信号 S、CW 泵浦光 P 和闲频光 id 的复振幅,γ 为光纤的非线性系数,λ_0、λ_P、λ_S 分别是光纤的零色散波长、泵浦光波长和信号光波长,S 是光纤的色散斜率。

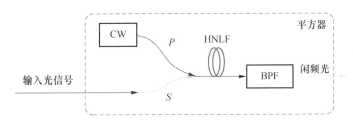

图 5-23　平方器的实现结构

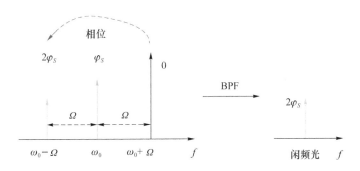

图 5-24　平方器的相位翻倍原理

在 FWM 过程中,输入光信号、CW 泵浦光信号和新生成的闲频光信号之间的光场关系如式(5-24)所示。E_{id} 表示生成的闲频光信号归一化后的光场,E_S 和 E_P 分别表示输入光信号和 CW 泵浦光信号的光场。

$$E_{\mathrm{id}}\propto E_S E_S E_P^*\tag{5-24}$$

输入光信号、CW 泵浦光信号和新生成的闲频光信号之间的频率和相位关系如式(5-25)和式(5-26)所示。

$$f_{\mathrm{id}}=f_S-(f_P-f_S)=\omega_0-(\omega_0+\Omega-\omega_0)=\omega_0-\Omega\tag{5-25}$$

$$\varphi_{\mathrm{id}}=2\varphi_S-\varphi_P=2\varphi_S\tag{5-26}$$

在图 5-24 中,假设输入光信号 S 的频率和相位分别为 ω_0 和 φ_S,CW 泵浦光 P 的频率和相位分别为 $\omega_0+\Omega$ 和 0。根据式(5-25),新生成的闲频光信号的频率为 $\omega_0-\Omega$。根据式(5-26),新生成的闲频光信号的相位为 $2\varphi_S$。可以看出,输入光信号的相位增加了一倍。假设输入光信号的调制格式为 QPSK,则新生成的闲频光信号的相位为 0 和 π;假设输入光信号的调制格式为 8PSK,则新生成的闲频光信号的相位为 0、$\pi/2$、π、$3\pi/2$。

表 5-2 列出了输入光信号倍相后的相位变化。需要强调的是,输入光信号的最小相位

差也增加了一倍：QPSK 光信号的最小相位差由 $\pi/2$ 变为 π，8PSK 光信号的最小相位差由 $\pi/4$ 变为 $\pi/2$，16PSK 光信号的最小相位差由 $\pi/8$ 变为 $\pi/4$。最小相位差加倍对于后续符号匹配至关重要。

表 5-2　输入光信号倍相后的相位变化

调制格式	输入相位	输出相位	倍相前的最小相位差	倍相后的最小相位差
QPSK	0	0	$\pi/2$	π
	$\pi/2$	π		
8PSK	0	0	$\pi/4$	$\pi/2$
	$\pi/4$	$\pi/2$		
	$\pi/2$	π		
	$3\pi/4$	$3\pi/2$		
16PSK	0	0	$\pi/8$	$\pi/4$
	$\pi/8$	$\pi/4$		
	$\pi/4$	$\pi/2$		
	$3\pi/8$	$3\pi/4$		
	$\pi/2$	π		
	$5\pi/8$	$5\pi/4$		
	$3\pi/4$	$3\pi/2$		
	$7\pi/8$	$7\pi/4$		

5.6　基于平方器的面向 QPSK 信号的全光序列匹配系统

5.6.1　工作原理

　　QPSK 光信号的全光匹配系统采用串行匹配结构。其原理如图 5-25 所示。它由符号匹配模块、全光逻辑与门和再生器组成。EDFA 用于补偿消耗的光功率。符号匹配模块用于识别输入光数据序列中属于目标序列的每个符号的位置。如果目标序列中的符号与输入光数据序列中的符号相同，则输出光信号中的相应位置将出现脉冲。否则，符号匹配模块输出空信号。对于 QPSK，符号匹配模块的实现关键是将目标序列中的符号与数据序列中相位差为 $\pi/2$、$3\pi/2$ 或 π 的符号进行失配（即不匹配），得到逻辑"0"。

　　QPSK 光信号的符号匹配模块原理如图 5-26 所示。它包含两个匹配子系统。第 1 个匹配子系统由两个并联平方器和一个多路复用器串联组成。相位差为 $\pi/2$ 的两个符号将不匹配，并输出逻辑"0"。例如，如果目标序列中某个符号的相位为 0，则数据序列中相位为 $\pi/2$ 或 $3\pi/2$ 的所有符号都会失配，并输出逻辑"0"，而数据序列中相位为 0 或 π 的符号将被匹配,并输出逻辑"1"。对于第二匹配子系统,目标序列和数据序列直接耦合到复用器中。相位差为 π 的两个符号将不匹配,并输出逻辑"0"。两个相位差为 0,即相位相同的两个符号将会匹配,并输出逻辑"1"。然而,尽管两个符号的相位差为 $\pi/2$ 或 $3\pi/2$ 时会失配,但仍会输出一个幅值较低的逻辑"1"。为了消除这个误差,将两个匹配子系统的结果进行 AND 运算,对于相位差为 $\pi/2$ 或 $3\pi/2$ 的两个不匹配的符号,第一匹配子系统将输出逻辑"0",即使第二匹配子系统输出逻辑"1",与门仍将输出逻辑"0"。而对于相位差为 π 的两个不匹配的符号,第二匹配子系统将输出逻辑"0",即使第一匹配子系统输出为逻辑"1",与门仍将输出逻辑"0"。只有对于相位差为 0 的两个符号,这两个匹配子系统才会都输出逻辑"1",与门也因此输出逻辑"1"。这样就实现了 QPSK 光信号的符号匹配。

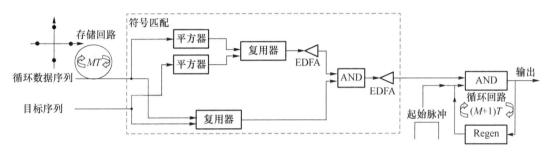

图 5-25　QPSK 光信号全光匹配系统原理

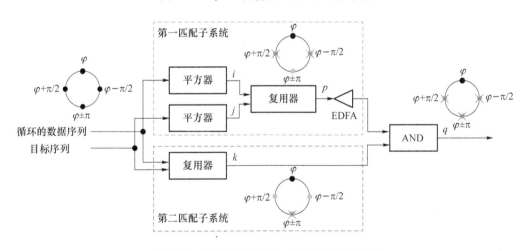

图 5-26　QPSK 光信号的符号匹配模块原理

图 5-27 所示为 QPSK 光信号符号匹配模块中各模块的输出结果。假设数据序列中每个符号的相位为 $\{0,\pi,\pi/2,3\pi/2,\pi,0,\pi,\pi/2,3\pi/2,3\pi/2\}$,并且目标序列中每个符号的相位的值为 $\{0,\pi,\pi/2,3\pi/2\}$。将 QPSK 光信号的功率进行归一化,则不同相位差的两符号一同进入复用器后的输出功率如表 5-3 所示。可以看出,如果输入符号与目标符号相位相同,则输出逻辑"1",归一化的功率输出为 4;如果输入符号与目标符号相位差为 π,则输出逻辑"0",归一化的功率输出为 0。假设数据序列中每个符号的持续时间为 T,则目标序列中每个符号的持续时间为 MT,其中 M 表示数据序列中符号的总数。

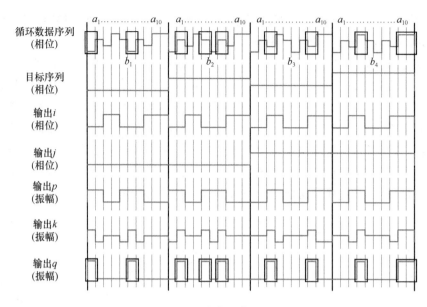

图 5-27　QPSK 光信号符号匹配过程

表 5-3　不同相位差的两个符号的输出功率

目标符号相位	输入符号相位			
	0	$\pi/2$	π	$3\pi/2$
0	4	2	0	2
$\pi/2$	2	4	2	0
π	0	2	4	2
$3\pi/2$	2	0	2	4

　　由于数据序列和目标序列的功率相等,因此两个平方器的输出信号具有相同的功率。目标序列中第 1 个符号的相位为{0},对于第一匹配子系统,输出信号的功率为{4,4,0,0,4,4,4,0,0,0}。从结果可以看出,两个相位差为 0 或 π 的符号的匹配结果为逻辑"1",两个相位差为 $\pi/2$ 或 $3\pi/2$ 的符号的匹配结果为逻辑"0"。对于第二匹配子系统,输出信号的幅度为{4,0,2,2,0,0,4,2,2,2}。输出信号具有 3 个不同的功率值。当两个符号的相位差为 0 时,输出信号的功率为 4。当两个符号的相位差为 π 时,输出信号的幅度为 0。当两个符号的相位差为 $\pi/2$ 或 $3\pi/2$ 时,输出信号的功率为 2。需要说明的是,在第一匹配子系统中匹配结果为逻辑"0"的两个符号在第二匹配子系统中的匹配结果必然为逻辑"0"。两个匹配子系统的输出结果经过与门,得到期望的两种功率值,即 0 和非零值。具有非零功率值的信号被记录为逻辑"1",而没有幅度的信号被记录为逻辑"0"。目标序列当前符号的相位为 0 时,与门输出逻辑序列为{1,0,0,0,0,1,0,0,0,0}。逻辑"1"的位置对应于数据序列中相位为 0 的符号的位置。目标序列当前符号的相位分别为 π、$\pi/2$ 和 $3\pi/2$ 时,后续匹配结果则分别为{0,1,0,0,1,0,1,0,0,0}、{0,0,1,0,0,0,0,0,1,0,0}和{0,0,0,1,0,0,0,0,1,1}。所有这些从符号匹配模块获得的匹配结果将依次输入循环匹配模块。最终匹配结果为{0,0,0,1,0,0,0,0,1,0},逻辑"1"对应的是匹配序列的最后一位在数据序列中的位置。匹配序列的相位与目标序列的相位相同。

5.6.2 仿真搭建

使用 VPItransmissionMaker 8.5 对所设计的面向 QPSK 光信号的全光匹配系统进行仿真和验证。图 5-28 显示了数据速率为 100 Gbaud 的 QPSK 光信号的全光匹配系统的仿真搭建图。表 5-4 列出了仿真参数。

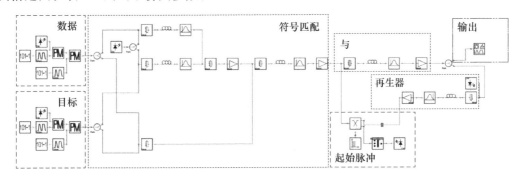

图 5-28 面向 QPSK 信号的全光匹配系统仿真搭建

表 5-4 面向 QPSK 信号的全光匹配系统参数配置

模块	参数	数值
输入信号	中心频率	193.1 THz
	平均功率	1 mW
目标序列	中心频率	193.1 THz
	平均功率	1 mW
P_{QPSK1}	中心频率	193.4 THz
	平均功率	70 mW
P_{QPSK2}	中心频率	193.4 THz
	平均功率	6 mW
初始脉冲	中心频率	192.8 THz
	平均功率	30 mW
HNLF	长度	1 007 m
	衰减	0.2×10^{-3} dB/m
	非线性系数	~ 29 W^{-1} · km^{-1}
	色散	在 193.1 THz 处的色散为 -0.69 ps/(nm · km)
	色散斜率	在 193.1 THz 处的色散斜率为 0.007 4 ps/(nm^2 · km)
带通滤波器	带宽	100 GHz
	中心频率	193.1 THz

由理想调制器产生重复的输入信号和目标序列。其中输入信号和目标序列的中心频率都为 193.1 THz,平均功率都为 1 mW。在第一匹配子系统中,CW 泵浦 P_{QPSK1} 和输入信号同时注入 HNLF 中。HNLF 用于实现平方器,生成新的频率为 192.8 THz 的闲频光,其相

位为输入数据光信号的 2 倍。同样，P_{QPSK1} 和目标序列可以生成新的频率为 192.8 THz 的闲频光，其相位为目标序列的 2 倍。新产生的两路空闲光信号进入复用器，得到匹配结果。经过平方器后，数据光信号只有两种相位：0 和 π。因此，如果复用器的输出光信号的幅度较高，则输入信号和目标序列具有相同的相位或相位差 π。如果复用器的输出光信号幅度较低，则输入信号和目标序列的相位差为 π/2 或 3π/2。在与门后添加增益为 15 dB 的放大器，用于补偿功率损耗。在第二匹配子系统中，输入数据光信号和目标光信号进入复用器直接获得匹配结果。由于 QPSK 信号有 π/2、π 和 3π/2 3 种相位差，复用器的输出光信号会有高、中、低 3 种幅度。如果幅度较高，则输入信号和目标序列具有相同的相位。如果幅度较低，则输入信号和目标序列之间的相位差为 π。如果幅度中等，则输入信号和目标序列之间的相位差为 π/2 或 3π/2。两个匹配子系统的输出结果经过与门，实现最终的符号匹配。与门是通过 HNLF 中的 FWM 效应实现的，与门的结果由中心频率为 193.1 THz 的带通滤波器进行滤波，后经过增益为 9.46 dB 的放大器进行功率补偿。符号匹配后的结果进入循环回路中。

在第 1 个循环中，初始化脉冲与符号匹配模块的输出一起进入后面的与门。该与门的结果由中心频率为 193.1 THz 的带通滤波器进行滤波。在进入再生器之前使用增益为 20.62 dB 的放大器。需要说明的是，此处 20.62 dB 是为了方便模拟，将信号功率取整。其实只需将信号的功率放大到合理的值，能够正常通过再生器即可。信号分析仪用于显示和分析与门的输出光信号，然后该输出的一部分进入再生器。

再生器中泵浦 P_{QPSK2} 的中心频率为 193.4 THz，泵浦功率为 6 mW。带通滤波器的中心频率为 192.8 THz，放大器的增益为 19.88 dB。再生器的输出在延迟一个符号时间后反馈到与门的输入。泵浦 P_{QPSK2} 的功率选择取决于所需闲频光的功率。闲频光的功率决定了后续放大器的放大倍数。选择合适的泵浦光功率以获得尽可能大的闲频光功率，使得放大器的放大倍数在合理的范围内。泵浦光功率和放大器放大倍数的选择是一项值得后续实验详细验证的工作。当前仿真选择的值不一定是最优值，但不影响当前系统的正常运行。

5.6.3　结果分析

在仿真中，选择 100 Gbaud 作为传输速率，选择 16 个符号作为数据序列，目标序列分别选择为 4 和 8 个符号。根据上面的分析，数据序列需要重复 M 次才能匹配 M 个符号，因此在序列匹配的输出过程中，可以观察到 M 帧，如图 5-29、图 5-30 所示。为了清楚地说明整个匹配过程，每幅图都给出了数据序列和目标序列每帧的输出，最后一帧给出数据序列和目标序列之间的匹配结果。

每个输出帧中的逻辑"1"表示在数据序列中找到与当前目标符号的匹配结果。因此，当目标序列在数据序列中完全匹配时，逻辑"1"将出现在最终输出帧中，其位置与目标序列的最后一个符号对齐。图 5-29 所示为目标序列为 4 个符号时 QPSK 序列匹配系统的输出。数据序列的相位为 {0,π,π/2,3π/2,π,0,π,π/2,3π/2,3π/2,0,π,π/2,3π/2,π,0}，目标序列的相位为 {π/2,3π/2,π,0}。第四输出帧表示数据序列中与相位为 {π/2,3π/2,π,0} 相匹配的符号，即 {0,0,0,0,0,1,0,0,0,0,0,0,0,0,0,1}。至此，所有目标序列都在数据序列中得到匹配，即数据序列中有两段与目标序列匹配的序列片段。图 5-30 所示为目标序列为 8 个符号时 QPSK 全光序列匹配系统的输出。数据序列的相位仍为 {0,π,π/2,3π/2,π,0,π,

$\pi/2,3\pi/2,3\pi/2,0,\pi,\pi/2,3\pi/2,\pi/2,0\}$，目标序列的相位为 $\{0,\pi,\pi/2,3\pi/2,\pi,0,\pi,\pi/2\}$。第八输出帧表示数据序列中与相位为 $\{0,\pi,\pi/2,3\pi/2,\pi,0,\pi,\pi/2\}$ 相匹配的符号，即 $\{0,0,0,0,0,0,1,0,0,0,0,0,0,0,0,0\}$。至此，所有目标序列都在数据序列中得到匹配，即数据序列中有一段与目标序列匹配的序列片段。

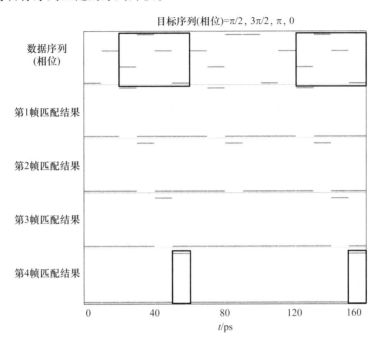

图 5-29　目标序列为 4 个符号时 QPSK 序列匹配系统的输出

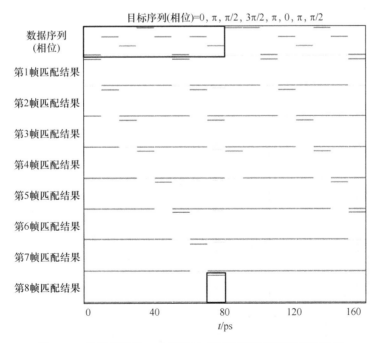

图 5-30　目标序列为 8 个符号时 QPSK 序列匹配系统的输出

5.6.4 噪声分析

在实际传输场景中,光信号会受到噪声的影响。噪声源不仅包括输入噪声和线路噪声,还包括放大器等所用元件引入的噪声。为了分析和验证所提出的匹配系统的抗噪声性能,用不同光信噪比(OSNR)的输入信号对系统进行了仿真。对于 QPSK 光信号,在 16 个数据符号中搜索 8 个目标符号的情况下,将 OSNR 设置为从 30 dB 减小到 0 dB,将 EDFA 的噪声系数设置为 4 dB。评估输出光信号的消光比(ER)和对比度(CR)。计算方法描述如式(5-2)和式(5-3)所示。

对于给定 OSNR 的输入光信号,将高斯白噪声的随机种子改变 10 次,以模拟不同的噪声条件。然后根据结果的平均值计算出 ER 和 CR 的值。从图 5-31 可以看出,对于 QPSK 光信号的全光匹配系统,当输入 OSNR 大于 10 dB 时,ER 和 CR 的值没有明显变化。ER 保持在 13.08 dB 左右,CR 保持在 20.09 dB 左右。当 OSNR 小于 10 dB 时,ER 和 CR 的值开始迅速下降。当 OSNR 下降到 5.59 dB 左右时,系统的最终输出 ER 达到 0 dB。这意味着逻辑"1"的最小功率与逻辑"0"的最大功率相同,系统无法再正确识别输入数据序列中的目标序列。

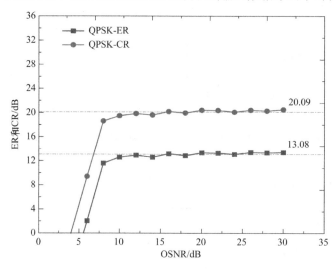

图 5-31　全光匹配系统输出光信号的 ER 和 CR

5.7　基于平方器的面向 8PSK 信号的全光匹配系统

5.7.1　工作原理

8PSK 光信号的符号匹配系统原理如图 5-32 所示。与 QPSK 光信号相比,8PSK 光信号多了 4 个相位:$\pi/4$、$3\pi/4$、$5\pi/4$ 和 $7\pi/4$。8PSK 光信号的最小相位差为 $\pi/4$,因此需要二阶平方器来使相位差为 $\pi/4$ 或 $3\pi/4$ 的两个符号失配。二阶平方器的作用是将 8PSK 光信号的相位变为 4 倍。8PSK 的符号匹配模块将分为 3 个匹配子系统。前两个子系统与 QPSK 光信号符号匹配系统中的两个子系统相同。相位差为 $\pi/2$、π 和 $3\pi/2$ 的两个符号在这两个子系统中将失配。第三匹配子系统是通过在第一匹配子系统的每个平方器后,添加一对平方器来构造的。在第三匹配子系统中,目标序列和数据序列都经过两个级联的平方器以实现相位 4 倍化。经过相位 4 倍化后,$\pi/4$ 或 $3\pi/4$ 的相位差被变换为 π。因此,相位差为 $\pi/4$ 或 $3\pi/4$ 的两个符号将失配,并且将输出逻辑"0"。如果待匹配的目标序列中符号的相位为 0,则数据序列中相位为 $\pi/4$、$3\pi/4$、$5\pi/4$ 或 $7\pi/4$ 的符号将失配,逻辑"0"被输出。数据序列中相位为 0、$\pi/2$、π 或 $3\pi/2$ 的符号将不匹配,但会输出逻辑"1"。为了消除这个误差,将这 3 个匹配子系统的结果进行级联与运算。这样,只有相位差为 0 的符号经过这 3 个子系统后才会都输出为逻辑"1",且最后一个与门也输出逻辑"1"。这样就可以实现 8PSK 光信号的符号匹配。

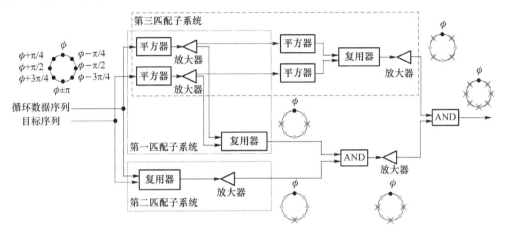

图 5-32 8PSK 光信号的符号匹配模块原理

8PSK 光信号有 8 种相位,因此数据序列和目标序列之间的相位匹配有更多的可能性。然而,只要数据序列中的符号的相位与目标序列中的符号的相位不同,3 个匹配子系统中就至少有一个将输出逻辑"0"。然后符号匹配模块将输出逻辑"0"。如果数据序列中的符号的相位与目标序列中的符号的相位相同,则这 3 个匹配子系统都将输出逻辑"1"。即无论子系统输出多少个结果,最终的输出结果仍然只有两种可能。8PSK 光信号的全光匹配系统原理如图 5-33 所示。由于 8PSK 光信号的循环匹配过程与 QPSK 光信号类似,这里不再详细描述。

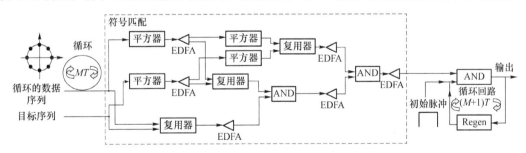

图 5-33 8PSK 光信号全光匹配系统原理

5.7.2 仿真搭建

使用 VPItransmissionMaker 8.5 对所设计的面向 8PSK 光信号的全光匹配系统进行仿

真和验证。图 5-34 显示了数据速率为 100 Gbaud 的 8PSK 光信号全光匹配系统的仿真搭建图。表 5-5 列出了仿真参数。

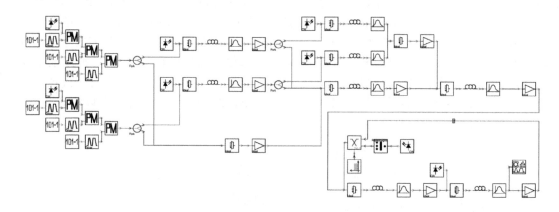

图 5-34   面向 8PSK 信号的全光匹配系统仿真搭建

表 5-5   面向 8PSK 信号的全光匹配系统参数配置

模块	参数	数值
输入信号	中心频率	193.1 THz
	平均功率	1 mW
目标序列	中心频率	193.1 THz
	平均功率	1 mW
P_{8PSK1}	中心频率	193.4 THz
	平均功率	70 mW
P_{8PSK2}	中心频率	192.5 THz
	平均功率	70 mW
P_{8PSK3}	中心频率	192.8 THz
	平均功率	2 mW
初始脉冲	中心频率	193.4 THz
	平均功率	30 mW
HNLF	长度	1 007 m
	衰减	0.2×10^{-3} dB/m
	非线性系数	$\sim 29 \ \text{W}^{-1} \cdot \text{km}^{-1}$
	色散	在 193.1 THz 处的色散为 -0.69 ps/(nm·km)
	色散斜率	在 193.1 THz 处的色散斜率为 0.007 4 ps/(nm²·km)
带通滤波器	带宽	100 GHz
	中心频率	192.8 THz、193.1 THz

由理想调制器产生重复的输入信号和目标序列。其中数据序列和目标序列的中心频率都为 193.1 THz,平均功率都为 1 mW。记数据序列为序列 A,目标序列为序列 B。序列 A 和序列 B 分别经过一个分光器,得到序列 A_1、A_2 和序列 B_1、B_2。

在第一匹配子系统中,CW 泵浦 P_{8PSK1} 的中心频率为 193.4 THz,平均功率为 70 mW。将一路 P_{8PSK1} 与序列 A_1 一同输入一段 HNLF 中,HNLF 的输出经过中心频率为 192.8 THz 的带通滤波器。利用 HNLF 的 FWM 非线性效应,序列 A_1 的相位实现了翻倍,得到序列 A_{11}。将另一路 P_{8PSK1} 与序列 B_1 一同输入另一段 HNLF 中,HNLF 的输出经过中心频率为 192.8 THz 的带通滤波器,实现序列 B_1 的相位翻倍,得到序列 B_{11}。将序列 A_{11} 和 B_{11} 通过复用器,得到序列 C。经过以上操作,序列 A 和 B 中相位差为 $\pi/2$ 和 $3\pi/2$ 的符号将会在序列 C 中对应位置输出为逻辑"0",而相位差为 0 和 π 的符号将会在序列 C 中对应位置的输出为逻辑"1"。在第二匹配子系统中,序列 A_2 和 B_2 直接一同输入到复用器中,得到序列 D。序列 A 和序列 B 中相位差为 π 的符号将会在序列 D 中对应位置输出为 0。将序列 D 经过增益为 15 dB 的放大器后,与序列 C 经过第 1 个与门,在与门的结果中,数据序列中与目标符号相位差为 $\pi/2$、$3\pi/2$ 和 π 的符号位置处输出逻辑"0"。在第三匹配子系统中,CW 泵浦 P_{8PSK2} 的中心频率为 192.5 THz,平均功率为 70 mW。将一路 P_{8PSK2} 与序列 A_{11} 一同输入一段 HNLF 中,HNLF 的输出经过中心频率为 193.1 THz 的带通滤波器。利用 HNLF 的 FWM 非线性效应,序列 A_{11} 的相位实现了翻倍。将另一路 CW 泵浦 P_{8PSK2} 与序列 B_{11} 一同输入另一段 HNLF 中,HNLF 的输出经过中心频率为 193.1 THz 的带通滤波器,实现序列 B_{11} 的相位翻倍。将相位翻倍后的两路信号通过复用器,得到序列 E。经过以上操作,序列 A_1 和 B_1 实现了相位四倍化,相位差为 $\pi/4$、$3\pi/4$、$5\pi/4$ 和 $7\pi/4$ 的符号将会在序列 E 中对应位置输出为逻辑"0"。将序列 E 经过增益为 19.26 dB 的放大器后,与第 1 个与门的结果一同经过第 2 个与门,其结果即符号匹配模块的匹配结果。下面进入循环匹配模块中。

在循环匹配模块中,中心频率为 193.4 THz,平均功率为 30 mW 的初始脉冲与符号匹配模块的输出一起进入后面的与门。该与门的结果由中心频率为 193.1 THz 的带通滤波器进行滤波。在进入再生器之前使用增益为 19.03 dB 的放大器。信号分析仪用于显示和分析与门的输出光信号,然后该输出的一部分进入再生器。再生器中泵浦 P_{8PSK3} 的中心频率为 192.8 THz,泵浦功率为 2 mW。带通滤波器的中心频率为 193.4 THz,放大器的增益为 22.79 dB。泵浦 P_{8PSK3} 的功率选择取决于所需闲频光的功率。闲频光的功率决定了后续放大器的放大倍数。再生器的输出在延迟一个符号时间后反馈到与门的输入。

5.7.3 结果分析

在仿真中,与 QPSK 系统相同,选择 100 Gbaud 作为传输速率,并选择 16 个符号作为数据序列,目标序列分别选择 4 和 8 个符号。图 5-35 所示为目标序列为 4 个符号时 8PSK 序列匹配系统的输出。数据序列的相位为 $\{\pi/4, 0, \pi/2, \pi, 5\pi/4, 7\pi/4, 3\pi/2, \pi/4, 3\pi/4, 0, \pi/2, \pi, 5\pi/4, 7\pi/4, 7\pi/4, \pi/4\}$,目标序列的相位为 $\{\pi, 5\pi/4, 7\pi/4, 3\pi/2\}$。第四输出帧表示数据序列中与相位为 $\{\pi, 5\pi/4, 7\pi/4, 3\pi/2\}$ 相匹配的符号,即 $\{0, 0, 0, 0, 0, 0, 0, 1, 0, 0, 0, 0, 0, 0, 0, 0, 0, 0\}$。至此,所有目标序列都在数据序列中得到匹配,即数据序列中有一段与目标序列匹配的序列片段。图 5-36 所示为目标序列为 8 个符号时 8PSK 序列匹配系统的输出。数据序列的相位同样为 $\{\pi/4, 0, \pi/2, \pi, 5\pi/4, 7\pi/4, 3\pi/2, \pi/4, 3\pi/4, 0, \pi/2, \pi, 5\pi/4, 7\pi/4, 7\pi/4, \pi/4\}$,目标序列的相位为 $\{\pi, 5\pi/4, 7\pi/4, 3\pi/2, \pi/4, 3\pi/4, 0, \pi/2\}$。第八输出帧表示数据序列中与相位为 $\{\pi, 5\pi/4, 7\pi/4, 3\pi/2, \pi/4, 3\pi/4, 0, \pi/2\}$ 相匹配的符号,即 $\{0, 0, 0, 0, 0, 0, 0, 0, 0, 0, 0, 0, 1, 0, 0, 0, 0, 0\}$。至此,所有目标序列都在数据序列中得到匹配,即数据序列中有一段与

目标序列匹配的序列片段。

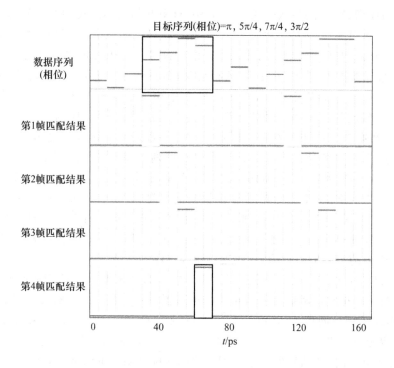

图 5-35 目标序列为 4 个符号时 8PSK 序列匹配系统的输出

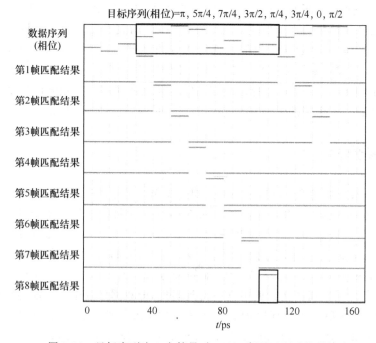

图 5-36 目标序列为 8 个符号时 8PSK 序列匹配系统的输出

5.7.4　噪声分析

对于 8PSK 光信号的全光匹配系统,ER 和 CR 的值随着输入 OSNR 的减小而减小。从图 5-37 可以看出,对于 8PSK 光信号的全光匹配系统,当 OSNR 从 30 dB 下降到 15 dB 时,ER 值变化并不显著,呈现缓慢下降的趋势。当 OSNR 小于 15 dB 时,ER 开始迅速下降。当输入 OSNR 约为 9.24 dB 时,它达到 0 dB。当输入 OSNR 约为 8.62 dB 时,CR 达到 0 dB。与 QPSK 光信号的全光匹配系统相比,8PSK 光信号的全光匹配系统总体上比 QPSK 系统具有更高的 ER 和 CR 值,但在更高的输入 OSNR 下 ER 值将达到 0 dB。这是因为 8PSK 光信号的全光匹配系统比 QPSK 光信号的全光匹配系统更复杂。8PSK 光信号的全光匹配系统更容易受到噪声的影响。因此,QPSK 光信号的全光匹配系统具有较好的抗噪声能力,适合部署在大容量、长距离的光网络中。而 8PSK 光信号的全光匹配系统更适合大容量、短距离的光网络。

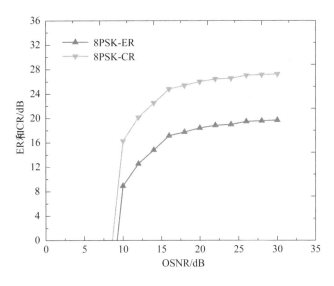

图 5-37　全光匹配系统输出光信号的 ER 和 CR

5.8　本章小结

本章集中介绍了面向不同高阶调制格式的全光序列匹配系统的实现方案。针对高阶调制格式,由于其信号含多个相位状态,直接应用基于 HNLF 构成的逻辑门实现逻辑运算面临挑战。因此,采用的方法是将高阶调制格式信号转换为多个低阶调制格式信号(如 BPSK),随后通过逻辑门进行运算,完成匹配。相位压缩通过利用 HNLF 的 FWM 效应实现,通过信号和新产生的信号之间的干涉作用来调节信号的强度。尤其对于 QPSK 和 8PSK 信号,利用二阶和四阶相位压缩直接将其转换为低阶格式。而 16QAM 信号由于星座图相位状态的不均匀分布,采用了分路后多次四阶相位压缩的策略,最终将 16QAM 信号转化为 QPSK 信号,从而利用针对 QPSK 信号的匹配结构实现匹配。本章还介绍了一种平方器的结构,其主要作用是使信号相位翻倍。基于平方器,分别针对 QPSK 和 8PSK 信号介绍了两种基于平方器的匹配系统,并通过了仿真验证。通过这些方案,本章成功实现了对 QPSK、8PSK 和 16QAM 信号的全光匹配。

本章参考文献

[1] INOUE K. Dependence of the Amplification Performance of Unsaturated Degenerate Phase-Sensitive Amplification on Wavelength Allocation[J]. Optics Express, 2017, 25(24): 29724-29736.

[2] CUI J, WANG H, LU G W, et al. Reconfigurable Optical Network Intermediate Node With Full-Quadrature Regeneration and Format Conversion Capacity [J]. Journal of Lightwave Technology, 2018, 36(20): 4691-4700.

[3] TANG Y, LI X, SHI H, et al. Reconfigurable All-Optical Pattern-Matching System for Phase Modulation Formats Based on Phase-Sensitive Amplification in Highly Nonlinear Fiber[J]. Optical Fiber Technology, 2023, 81: 103548.

[4] 唐颖. 全光快速入侵检测与安全路由技术研究[D]. 北京:北京邮电大学,2022.

第6章

基于 HNLF 的可重构全光序列匹配系统

在光纤通信系统中,信号可以按照不同的调制格式进行传输。当序列匹配系统只能处理单一的调制格式时,网络节点处就需要分别部署多个能够处理不同调制格式的序列匹配系统,这会增加网络节点的复杂度并且造成资源的浪费。为了处理不同调制格式的信号,本章实现了可重构的全光匹配系统。可重构全光匹配系统的工作原理是通过光开关的控制来调整匹配系统的结构以适用于不同调制格式的信号,避免了当信道中同时有多种调制格式的信号存在时频繁的系统切换,降低了系统的复杂度且提高了匹配系统的处理效率。

6.1 适用于 OOK / BPSK 的可重构全光序列匹配系统

6.1.1 系统介绍

本节提出了一种适用于 OOK 和 BPSK 调制格式的可重构全光序列匹配系统,该系统可以在光开关的控制下分别实现对 OOK 调制格式的信号和 BPSK 调制格式的信号的匹配功能。该系统结构如图 6-1 所示。

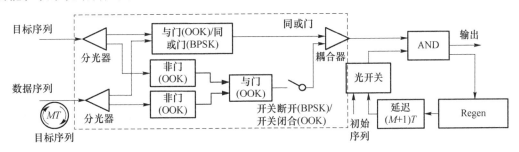

图 6-1 适用于 OOK 和 BPSK 调制格式的可重构全光序列匹配系统原理

图 6-1 给出了适用于 OOK 和 BPSK 调制格式信号的可重构全光序列匹配系统[1-2]。该匹配系统的主要组成部分为同或门、与门、再生器和延迟线。对于不同调制格式的信号,虽然同或门的实现方式各不相同,但这些信号通过同或门处理后的输出均为强度信号,因此后续的与门等器件可以采用相同的结构来处理不同调制格式的信号。适用于 OOK 和 BPSK 调制格式的可重构全光序列匹配系统主要指同或门的可重构。

首先,当图 6-1 中的光开关闭合时,该系统可以处理 OOK 调制格式的信号,此时同或门由两个与门和两个非门实现。参考 4.2 节,与门和非门均基于高非线性光纤实现,通过与门和非门的组合,可以得到适用于 OOK 调制格式信号的同或门。

当光开关断开时,该系统可以处理 BPSK 调制格式的信号,此时图 6-1 中下支路的两个非门和一个与门不工作。调整目标信号的波长使其与输入信号相同,即此时进入上支路与门的信号 A 和信号 B 具有相同的波长。当信号 A 和信号 B 波长相同时,FWM 效应和 XPM 效应均不产生作用,此时的与门仅相当于一个耦合器。信号 A 和信号 B 产生干涉,当信号 A 和信号 B 相位相同时,干涉相长,输出为高功率信号;当信号 A 和信号 B 相位相反时,干涉相消,输出为低功率信号。这就实现了适用于 BPSK 调制格式的信号的同或门。

当开关闭合时,系统可以实现对 OOK 信号的匹配;当开关断开时,系统可以实现对 BPSK 信号的匹配,这就实现了适用于 OOK 和 BPSK 调制格式的可重构的全光序列匹配系统。匹配过程中数据序列需要循环输入,循环周期的数量等于目标序列的位数,目标序列需要将每一位的长度延长至与数据信号一个周期等长。此时同或门就得到了数据序列与每一位目标序列分别匹配的结果,然后将同或门的输出延迟相与,延迟的长度为数据序列的周期数加 1,就得到了数据序列与目标序列的匹配结果。

6.1.2　仿真结果与数据分析

利用 VPItransmissionMaker 8.5 软件搭建仿真平台,验证所提出的可重构序列匹配系统在 100 Gbit/s 传输速率下的有效性,如图 6-2 所示。

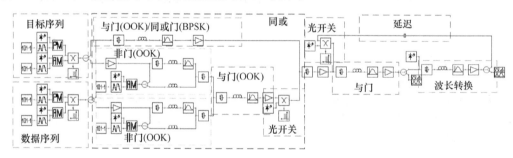

图 6-2　适用于 OOK 和 BPSK 调制格式的可重构全光序列匹配系统仿真

在仿真中,数据信号和目标信号通过连续波激光器、二进制序列发生器、编码器和幅度调制器(OOK 信号)或者相位调制器(BPSK 信号)产生。匹配结构主要用到了耦合器、HNLF、滤波器和 EDFA 等。设输入信号的频率为 193.1 THz,当信号调制格式为 BPSK 时,目标序列的频率为 193.1 THz;当信号的调制格式为 OOK 时,目标序列的频率为 193.4 THz。

系统仿真结果如图 6-3～图 6-6 所示。图 6-3 给出了光开关断开时 BPSK 调制格式的输入信号;图 6-4 给出了系统对 BPSK 调制格式信号的匹配结果,图中第 1 帧信号给出了目标序列第 1 位在数据序列中的位置,第 2 帧给出了目标序列前两位在数据序列中的位置,第 3 帧给出了目标序列前三位在数据序列中的位置,第 4 帧给出了整段目标序列在数据序列中的位置,此时系统实现了对 BPSK 调制格式的输入信号中目标序列的定位;图 6-5 给出了光开关闭合时 OOK 调制格式的输入信号;图 6-6 给出了系统对 OOK 调制格式信号的匹配结果。与光开关断开时同理,分别给出了第 1 位、前两位、前三位和整段目标序列在数据序列中的位置,实现了对 OOK 调制格式的数据序列中目标信号的定位。

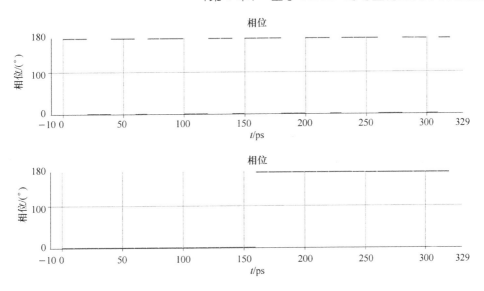

图 6-3　光开关断开时 BPSK 调制格式的输入信号和目标信号

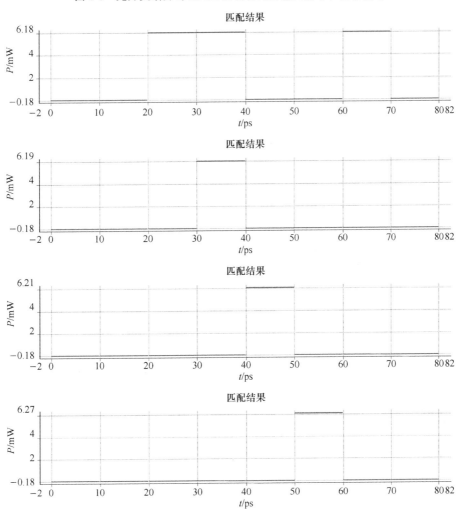

图 6-4　系统对 BPSK 调制格式信号的匹配结果

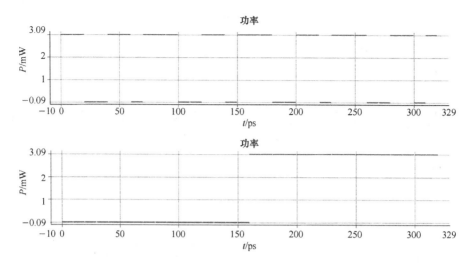

图 6-5　光开关闭合时 OOK 调制格式的输入信号和目标信号

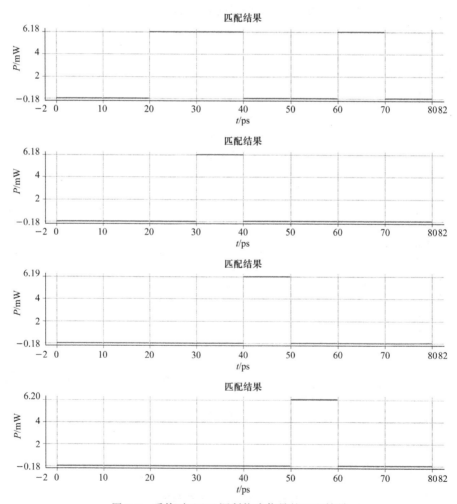

图 6-6　系统对 OOK 调制格式信号的匹配结果

6.2 适用于高阶调制格式的可重构全光序列匹配系统

6.2.1 系统介绍

6.1 节介绍了适用于 OOK 和 BPSK 调制格式的可重构的全光序列匹配系统,但是随着互联网的发展和高带宽应用的普及,网络带宽资源日益紧张,信号在网络中往往以更高阶的调制格式进行传输。本节介绍了一种可以适用于 BPSK、QPSK、8PSK 和环形 16QAM 调制格式的可重构全光序列匹配系统[3-4]。该系统可以在光开关的控制下实现对上述 4 种调制格式的输入信号的匹配而不需要改变系统的结构,降低了光网络节点的复杂度。该系统结构如图 6-7 所示。

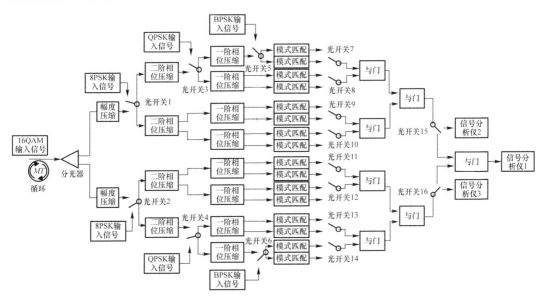

图 6-7 用于多种调制格式的可重构全光序列匹配系统

该结构主要由幅度压缩、相位压缩、模式匹配、光开关和与门阵列构成。当光开关 1 和光开关 2 选择幅度压缩模块,光开关 3 和光开关 4 选择二阶相位压缩模块,光开关 5 和光开关 6 选择一阶相位压缩模块,光开关 15 和光开关 16 选择与门模块时,该系统可以匹配环形 16QAM 调制格式的数据信号,其中幅度压缩部分是通过固定增益放大器实现的。设内圈信号功率为 0.5 mW,外圈信号功率为 1 mW,图 6-7 中的上支路实现对外圈信号的压缩,下支路实现对内圈信号的压缩。在压缩外圈信号时,将固定增益放大器的参数设为 1 mW,经过放大器后,内外圈信号均被放大为 1 mW,然后经过一个 180° 的移相器,就得到了功率为 1 mW 的与输入信号同相的信号。然后将该信号与输入信号一同进入耦合器,若输入信号为外圈信号,则输出功率为 0 mW;若输入信号为内圈信号,则输出信号功率为 0.5 mW,相位与输入信号相差 180°,所以需要再经过一个 180° 的移相器。此时外圈信号经过幅度压缩后的输出功率为 0 mW,内圈信号经过幅度压缩后的输出功率不变,仍为 0.5 mW。压缩内圈信号时同理,将固定增益放大器的参数设为 0.5 mW,且不需要经过第 2 个移相器,因为此时外圈信号与 0.5 mW 的反相信号干涉时,相位不变。

经过幅度压缩模块后,环形 16QAM 调制格式的信号被分为两路 8PSK 信号,每一路的 8PSK 的匹配结构与第 5 章所述的结构相同,通过相位压缩将 8PSK 信号压缩为四路 BPSK 信号,然后经过序列匹配模块后得到输入信号与每一位目标序列的匹配结果,后续的匹配过程通过并行结构来实现。从图中可以看出,共有 8 个光开关,对应 8 位目标序列,每个光开关选择其对应目标序列对应的匹配模块的输出作为输入。输出结果通过延迟相与之后得到整段目标序列与数据序列的匹配结果,其中延迟长度为目标序列长度减去该位在目标序列中的位置,例如,第 1 位延迟 7 bit,第 2 位延迟 6 bit,第 8 位延迟 0 bit。经过延迟相与后如果输出结果的某一位为高功率信号,那么说明上述每一个光开关在延迟前的对应位置为高功率信号,说明每一位目标序列都与数据序列匹配成功。输出结果高功率信号的位置即为匹配成功的情况下目标序列最后一位在数据序列中的位置,这就实现了对环形 16QAM 调制格式信号的匹配。

6.2.2　仿真结果与数据分析

图 6-8 所示是一种可重构的全光序列匹配结构,可以在光开光的控制下实现对 BPSK、QPSK、8PSK 和 16QAM 调制格式信号的全光匹配。对于 16QAM 信号,图 6-9 给出了输入数据和信号的幅度和相位。按图 6-10 给出的环形 16QAM 星座图标号,输入信号可以表示为{3, a, 6, 8, e, g, 7, h, 1, b, 2, 4, f, c, 5, d},目标序列为{g, 7, h, 1, b, 2, 4, f}。图 6-11 给出了系统的匹配结果,可以看出在第 13 位输出为高功率信号,表明在数据序列中找到了目标序列且目标序列的最后一位在数据序列中的位置为第 13 位,观察目标信号和数据信号可以看出数据序号确实包含目标信号,且目标信号最后一位在数据序列中的位置为第 13 位,这表明系统成功实现了对环形 16QAM 信号的匹配。

当光开关 1 和光开关 2 选择 8PSK 信号的输入模块,光开关 3 和光开关 4 选择二阶相位压缩模块,光开关 5 和光开关 6 选择一阶相位压缩模块,光开关 15 和光开关 16 选择信号分析仪时,系统可以实现对两组 8PSK 调制格式信号的匹配。在处理 16QAM 的信号时,16QAM 信号被拆分为两组 8PSK 信号,分别在上下支路进行处理,上下两支路是两个能够处理 8PSK 信号的匹配系统。所以当系统输入信号为 8PSK 信号时,一个 16QAM 匹配系统可以拆分为两个 8PSK 匹配系统。将 8PSK 信号作为输入信号从光开关 1 位置处输入,光开关 1 之后的匹配结构可以作为一个并行的适用于 8PSK 信号的匹配系统,其工作过程与 8PSK 匹配系统相似,区别是该系统使用的是并行匹配结构,在通过光开关选择得到每一位的匹配结果后通过延迟相与的方式实现整段目标序列与数据系列的匹配,其延迟长度的设定与上一段处理 16QAM 的延迟长度的设定方式同理。光开关 2 位置处输入的 8PSK 信号与光开关 1 处的 8SPK 信号相同。由于模式匹配后光开关的总数为 8 个(光开关 7~光开关 14),所以最多可以匹配 8 位目标序列,当有两组 8PSK 信号需要进行匹配时,每个匹配系统可以分配到 4 个光开关,即目标序列的长度为 4 位。可以通过增加光开关的数量实现对更长目标序列的匹配。

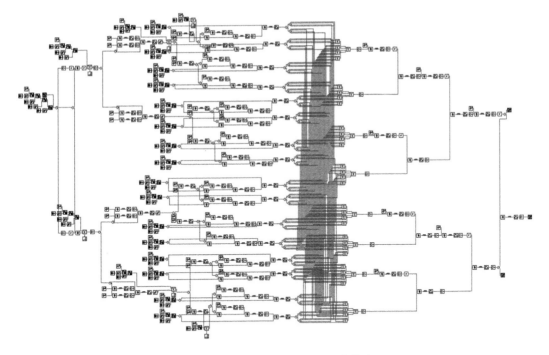

图 6-8 可重构全光序列匹配系统仿真

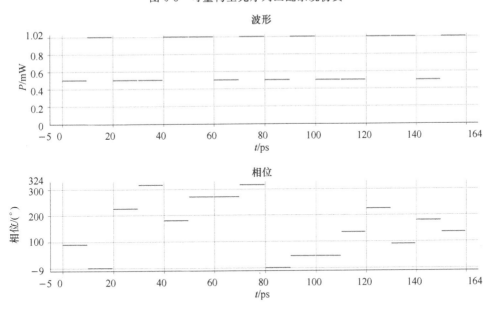

图 6-9 输入信号的幅度和相位

图 6-12 和图 6-13 给出了当系统拆分为两组 8PSK 信号匹配系统时的输入信号和匹配结果。其中两组输入信号分别为$\{1,3,2,4,8,5,7,1,6,8,3,5,1,7,4,2\}$和$\{4,7,6,3,2,1,8,5,4,6,2,8,5,1,7,3\}$,第 1 组数据信号对应的目标系列为$\{8,5,7,1\}$,第 2 组数据信号对应的目标系列为$\{7,6,3,2\}$,上述标号与图 6-10 所示的环形 16QAM 星座图相对应。从图 6-13 给出的仿真结果可以看出,该系统成功定位到了两组目标信号分别在两组数据信号中的位置,实现了对两组 8PSK 信号的匹配。

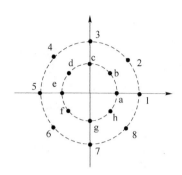

图 6-10　环形 16QAM 星座

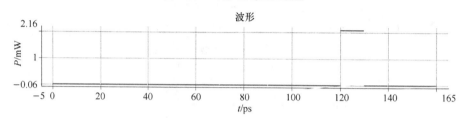

图 6-11　系统匹配结果

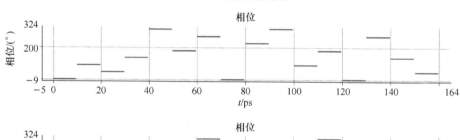

图 6-12　两组 8PSK 输入信号对应的相位

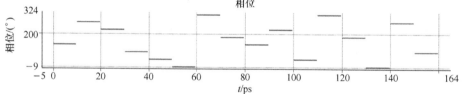

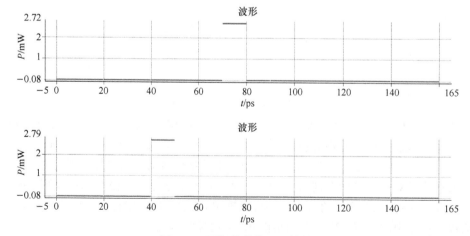

图 6-13　两组信号的匹配结果

当光开关 3 和光开关 4 选择 QPSK 输入信号,光开关 5 和光开关 6 选择一阶相位压缩模块,光开关 15 和光开关 16 选择信号分析仪时,该系统可以实现对两组 QPSK 调制格式信号的匹配。在 8PSK 二阶相位压缩时正好是将 8PSK 信号压缩为两组 QPSK 信号,所以如果将压缩后节点位置处的输入信号从二阶相位压缩的输出改为直接输入 QPSK 调制格式的信号,则后续系统可以实现对该 QPSK 信号的匹配。后续光开关的配置过程与 8PSK 相似,通过光开关选择与目标序列对应的匹配模块的输出作为后续与门阵列的输入。在本次仿真中,该系统可以实现对两组 QPSK 信号的输入,但是一个 16QAM 匹配系统可以拆分为两个 8PSK 匹配系统,一个 8PSK 匹配系统可以拆分为两个 QPSK 匹配系统,所以该系统最多可以同时匹配 4 个 QPSK 信号。但是当有 4 组 QPSK 信号输入时,因为该系统只有 8 个与目标序列对应的光开关,所以每一组 QPSK 信号的目标序列的长度只能为两位,匹配效果不明显,所以本次仿真只使用了两组 QPSK 信号作为输入,这样每个 QPSK 信号的目标序列的长度可以设到 4 位。如果想要实现更长的目标序列的匹配或者更多组的 QPSK 信号的匹配只需增加光开关的数量即可。

图 6-14 和图 6-15 给出了当系统为两个 QPSK 信号匹配系统时的输入信号和匹配结果。其中两组输入信号分别为{5,1,3,7,5,1,1,3,7,5,5,1,3,7,7,3}和{1,3,5,7,7,5,3,1,3,1,7,5,5,1,7,3},第 1 组数据信号对应的目标序列为{3,7,5,1},第 2 组数据信号对应的目标系列为{3,1,7,5},上述标号与图 6-10 所示的环形 16QAM 星座图相对应。在自相位调制、交叉相位调制等效应的影响下,信号经过相位压缩过程后未被压缩的信号的相位会发生一定的偏移,此处输入信号的相位与偏移之后的相位相对应。从图 6-15 给出的仿真结果可以看出,该系统成功定位到了两组目标信号分别在两组数据信号中的位置,实现了对两组 QPSK 信号的匹配。

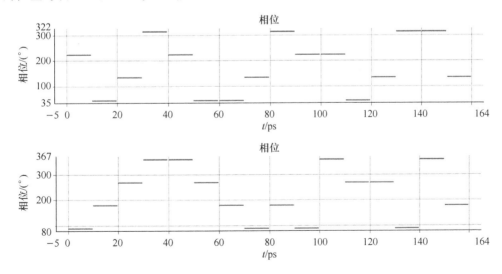

图 6-14 两组 QPSK 输入信号的相位

当光开关 5 和光开关 6 选择 BPSK 输入信号,光开关 15 和光开关 16 选择信号分析仪时,该系统可以实现对两组 BPSK 调制格式的信号的匹配。在图 6-8 所示的系统中,16QAM 信号经过幅度压缩、二阶相位压缩、一阶相位压缩后系统中就会只剩余一组 BPSK 信号,如果将一阶相位压缩的后续节点的输入从一阶相位压缩的输出换为直接输入一组

BPSK 信号,则后续的匹配系统可以看作 BPSK 匹配系统,前面的压缩模块将不起作用。与 QPSK 信号同理,该系统最多可以同时处理 8 组 BPSK 信号,但是在光开关数量的限制下只选择了第 1 组 BPSK 匹配系统和最后一组 BPSK 匹配系统。如果想要实现更长的目标序列的匹配或者更多组的 BPSK 信号的匹配需增加光开关的数量。

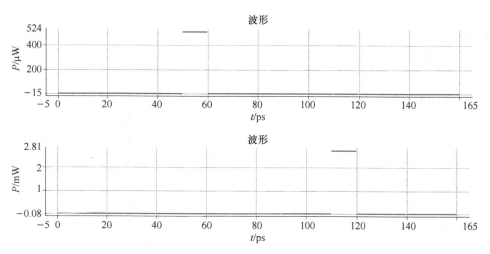

图 6-15　两组信号的匹配结果

　　图 6-16 和图 6-17 给出了当系统为两个 BPSK 信号匹配系统时的输入信号和匹配结果。其中两组输入信号分别为{5,1,5,1,1,5,1,5,5,5,1,1,1,5,5,1}和{5,1,1,5,1,5,1,5,5,5,1,5,5,1,5,1},第 1 组数据信号对应的目标序列为{5,1,1,5},第 2 组数据信号对应的目标序列为{5,5,5,1},上述标号与图 6-10 所示的环形 16QAM 星座图相对应。与 QPSK 信号同理,此时的输入信号相位与经过相位压缩且发生相位偏移之后的信号相位相对应。从图 6-17 给出的仿真结果可以看出,该系统成功定位到了两组目标信号分别在两组数据信号中的位置,实现了对两组 BPSK 信号的匹配。

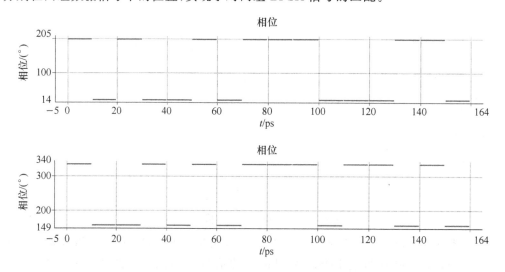

图 6-16　两组 BPSK 输入信号的相位

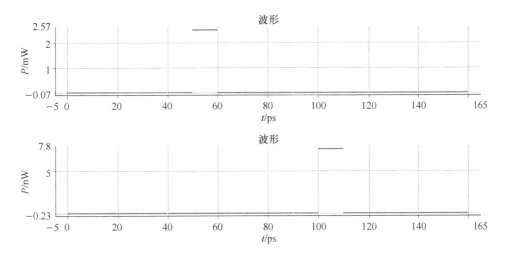

图 6-17　两组信号的匹配结果

综上所述,图 6-8 所示系统可以在光开关的控制下实现对 BPSK、QPSK、8PSK 和 16QAM 调制格式信号的匹配功能,避免了在网络节点中因为存在多种调制格式而需要分别部署处理不同调制格式的匹配系统的问题,降低了节点的复杂度且避免了频繁的系统切换。

若一个匹配系统只能处理一种调制格式,其在节点上部署时将会造成系统复杂性过高的问题,因此设计支持多种调制格式的可重构全光序列匹配系统是必要的。本章基于平方器设计了一种面向 QPSK、8PSK 的可重构全光序列匹配系统,该系统可通过控制光开关和光选择器,对 1 路 8PSK 信号或 2 路 QPSK 信号进行匹配。

6.3　适用于 QPSK 和 8PSK 信号的可重构全光匹配系统

6.3.1　工作原理

在基于平方器的面向 8PSK 信号的全光匹配系统中,第三匹配子系统是在第一匹配子系统的基础上增加了平方器和复用器,实现了相位的二次翻倍。可以发现,第三匹配子系统实际是由两个第一匹配子系统级联组成,这也意味着第三匹配子系统包含两个第一匹配子系统。在面向 QPSK 信号的全光匹配系统中,只需要一个第一匹配子系统即可完成匹配,因此理论上面向 8PSK 信号的全光匹配系统可以拆分成两个系统,分别匹配 2 路不同的 QPSK 信号。根据输入的数据序列的调制格式的不同,调整系统中的光选择器和光开关。

面向 QPSK、8PSK 信号的全光匹配系统原理如图 6-18 所示。下面分别讲解面对不同调制格式的数据序列时系统的工作原理。在数据序列为 8PSK 时,数据序列从Ⅰ处输入,光选择器和光开关选择①。此时,系统与前文提到的面向 8PSK 信号的全光匹配系统相同,详细的匹配原理此处不再复述。信号通过第 2 个与门后的循环匹配结构后,输出匹配结果。

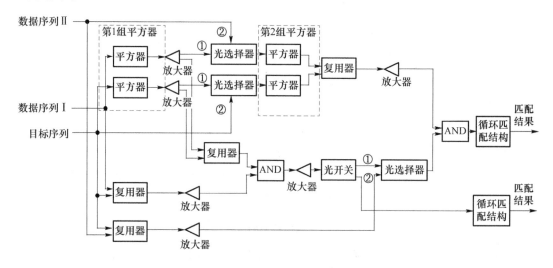

图 6-18　面向 QPSK、8PSK 信号的全光匹配系统原理

在数据序列为 QPSK 时,两路数据序列分别从 Ⅰ、Ⅱ 两处输入,光选择器和光开关选择②,需要说明的是,两路 QPSK 数据序列将要匹配的目标序列是一致的。对于数据序列 A,其与目标序列分别经过第 1 组平方器后,符号相位得到翻倍,相位差为 $\pi/2$ 和 $3\pi/2$ 时输出逻辑"0",为其他情况时输出逻辑"1"。得到的结果与数据序列 Ⅰ 和目标序列直接复用的结果经过第 1 个与门,得到数据序列 Ⅰ 的符号匹配结果。由于光开关选择②,因此符号匹配的结果直接进入循环匹配结构,得到数据序列 Ⅰ 与目标序列的匹配结果。

对于数据序列 Ⅱ,在第 2 组平方器前的光选择器在选择②后,会选择将数据序列 Ⅱ 和目标序列输入到第 2 组平方器中,而不是第 1 组平方器的结果。符号经过第 2 组平方器后相位得到翻倍,相位差为 $\pi/2$ 和 $3\pi/2$ 时输出逻辑"0",为其他情况时输出逻辑"1"。得到的结果与数据序列 Ⅱ 和目标序列直接复用的结果经过第 2 个与门,得到数据序列 Ⅱ 的符号匹配结果。将符号匹配结果进入另一个循环匹配结构,得到数据序列 Ⅱ 与目标序列的匹配结果。

6.3.2　仿真实现

使用 VPItransmissionMaker 8.5 对所设计的面向 QPSK、8PSK 信号的全光匹配系统进行仿真和验证。表 6-1 展示了数据序列为 8PSK 时系统各部分的参数设置。结果表明,在数据序列为一路 8PSK 信号或两路 QPSK 信号时,该系统都能够成功匹配到目标序列,并输出匹配结果。图 6-19 所示为数据速率为 100 Gbaud 的全光匹配系统的仿真搭建。

在介绍系统的详细仿真细节前,需要先介绍 SwitchDOS_Y_Switch 模块。该模块模拟了一个非理想的光 Y 型开关,包括输出信号之间具有附加相移的串扰,开关将输入信号路由到两个输出端口之一。如果布尔控制输入处的输入为真(值不等于零),则将 in 处的输入信号传递给 out2,将空信号传递给 out1。如果控制信号为假(等于零),则将输入信号传递给 out1,并将空信号传递给 out2。图 6-20 给出了 SwitchDOS_Y_Switch 的输出逻辑示意。

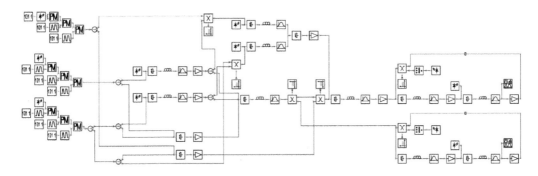

图 6-19 面向 QPSK、8PSK 信号的全光匹配系统仿真搭建

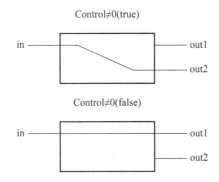

图 6-20 SwitchDOS_Y_Switch 的输出逻辑示意

表 6-1 数据序列为 8PSK 时系统参数配置

模块	参数	数值
输入信号	中心频率	193.1 THz
	平均功率	1 mW
目标序列	中心频率	193.1 THz
	平均功率	1 mW
P_{R1}	中心频率	193.4 THz
	平均功率	70 mW
P_{R2}	中心频率	192.5 THz
	平均功率	70 mW
P_{R3}	中心频率	192.8 THz
	平均功率	2 mW
初始脉冲	中心频率	193.4 THz
	平均功率	30 mW

模块	参数	数值
HNLF	长度	1 007 m
	衰减	0.2×10^{-3} dB/m
	非线性系数	~29 $W^{-1} \cdot km^{-1}$
	色散	在 193.1 THz 处的色散为 -0.69 ps/(nm·km)
	色散斜率	在 193.1 THz 处的色散斜率为 0.007 4 ps/(nm^2·km)
带通滤波器	带宽	100 GHz
	中心频率	193.1 THz、193.4 THz

在数据序列为一路 8PSK 信号时,数据序列从 I 处输入,光开关的输入为 1,符号匹配阶段的光选择器的输入为 1。由理想调制器产生重复的输入信号和目标序列。其中数据序列和目标序列的中心频率都为 193.1 THz,平均功率都为 1 mW。

在第 1 组平方器中,CW 泵浦 P_{R1} 的中心频率为 193.4 THz,平均功率为 70 mW。将一路 P_{R1} 与数据序列一同输入到一段 HNLF 中,HNLF 的输出经过中心频率为 192.8 THz 的带通滤波器。利用 HNLF 的 FWM 非线性效应,数据序列的相位实现了翻倍。将另一路 P_{R1} 与目标序列一同输入到另一段 HNLF 中,HNLF 的输出经过中心频率为 192.8 THz 的带通滤波器,实现目标序列的相位翻倍。将相位翻倍后的两路序列通过复用器,其输出结果中相位差为 $\pi/2$ 和 $3\pi/2$ 的符号位置输出逻辑"0",为其他情况时输出逻辑"1"。与此同时,另一路数据序列和目标序列直接一同输入到复用器中,其输出结果中相位差为 π 的符号位置输出逻辑"0",为其他情况时输出逻辑"1"。复用器的输出经过增益为 15 dB 的放大器后,与另一路的匹配结果经过第 1 个与门。在与门的结果中,数据序列中与目标符号相位差为 $\pi/2$、$3\pi/2$ 和 π 的符号位置处输出逻辑"0"。在第 2 组平方器中,CW 泵浦 P_{R2} 的中心频率为 192.5 THz,平均功率为 70 mW。将一路 P_{R2} 与相位翻倍后的数据序列一同输入到一段 HNLF 中,HNLF 的输出经过中心频率为 193.1 THz 的带通滤波器。在这个过程中数据序列的相位再次翻倍。将另一路 CW 泵浦 P_{R2} 与序列 B_{11} 一同输入到另一段 HNLF 中,HNLF 的输出经过中心频率为 193.1 THz 的带通滤波器,实现目标序列的相位再次翻倍。将相位再次翻倍后的两路信号通过复用器。经过以上操作,数据序列和目标序列实现了相位四倍化,相位差为 $\pi/8$、$3\pi/8$、$5\pi/8$ 和 $7\pi/8$ 的符号将会在序列 E 中对应位置输出为逻辑"0"。将复用器的结果经过增益为 19.26 dB 的放大器后,与第 1 个与门的结果一同经过第 2 个与门,其结果即符号匹配模块的匹配结果。在循环匹配模块中,初始化脉冲的中心频率为 193.4 THz,平均功率为 30 mW。第 1 个与门的结果经过中心频率为 193.1 THz 的带通滤波器。在进入再生器之前通过增益为 19.03 dB 的放大器。再生器中泵浦 P_{R3} 的中心频率为 192.8 THz,功率为 2 mW,带通滤波器的中心频率为 193.4 THz,放大器的增益为 22.79 dB。

表 6-2 展示了数据序列为 QPSK 时系统各部分的参数设置。在数据序列为一路 QPSK 信号时,一路数据序列从 I 处输入,另一路数据序列从 II 处输入,分别记为数据序列 I 和数据序列 II。光开关的输入为 0,符号匹配阶段的光选择器的输入为 0。由理想调制器产生重复的输入信号和目标序列。其中数据序列和目标序列的中心频率都为 193.1 THz,平均功率都为 1 mW。

表 6-2　数据序列为 QPSK 时系统参数配置

模块	参数	数值
输入信号	中心频率	193.1 THz
	平均功率	1 mW
目标序列	中心频率	193.1 THz
	平均功率	1 mW
P_{R1}	中心频率	193.4 THz
	平均功率	70 mW
P_{R2}	中心频率	193.4 THz
	平均功率	70 mW
P_{R3}	中心频率	192.5 THz
	平均功率	30 mW
P_{R4}	中心频率	192.5 THz
	平均功率	30 mW
初始脉冲	中心频率	193.1 THz
	平均功率	30 mW
HNLF	长度	1 007 m
	衰减	0.2×10^{-3} dB/m
	非线性系数	~ 29 $W^{-1} \cdot km^{-1}$
	色散	在 193.1 THz 处的色散为 -0.69 ps/(nm·km)
	色散斜率	在 193.1 THz 处的色散斜率为 0.007 4 ps/(nm²·km)
带通滤波器	带宽	100 GHz
	中心频率	192.8 THz、193.4 THz

　　数据序列 I 的符号匹配过程的一部分在第 1 组平方器中,CW 泵浦 P_{R1} 的中心频率为 193.4 THz,平均功率为 70 mW。将一路 P_{R1} 与数据序列 I 一同输入到一段 HNLF 中, HNLF 的输出经过中心频率为 192.8 THz 的带通滤波器。利用 HNLF 的 FWM 非线性效应,数据序列 I 的相位实现了翻倍。将另一路 P_{R1} 与目标序列一同输入到另一段 HNLF 中,HNLF 的输出经过中心频率为 192.8 THz 的带通滤波器,实现目标序列的相位翻倍。 将相位翻倍后的两路序列通过复用器,其输出结果中相位差为 π/2 和 3π/2 的符号位置输出逻辑"0",为其他情况时输出逻辑"1"。与此同时,另一路数据序列 I 和目标序列直接一同输入到复用器中,其输出结果中相位差为 π 的符号位置输出逻辑"0",为其他情况时输出逻辑 "1"。复用器的输出经过增益为 15 dB 的放大器后,与另一路的匹配结果经过第 1 个与门。 在与门的结果中,数据序列中与目标符号相位差为 π/2、3π/2 和 π 的符号位置处输出逻辑 "0"。通过光开关和光选择器后,进入到第 1 组循环匹配模块中。在循环匹配模块中,初始 化脉冲的中心频率 193.4 THz,平均功率为 30 mW。第 1 个与门的结果经过中心频率为 193.1 THz 的带通滤波器。在进入再生器之前通过增益为 19.03 dB 的放大器。再生器中 泵浦 P_{R3} 的中心频率为 192.8 THz,功率为 2 mW,带通滤波器的中心频率为 193.4 THz,放 大器的增益为 22.79 dB。

数据序列Ⅱ经过光选择器进入第 2 组平方器中,CW 泵浦 P_{R2} 的中心频率为 193.4 THz,平均功率为 70 mW。将一路 P_{R2} 与数据序列Ⅱ一同输入到一段 HNLF 中,HNLF 的输出经过中心频率为 192.8 THz 的带通滤波器。将另一路 P_{QSK1} 与目标序列一同输入到另一段 HNLF 中,输出经过中心频率为 192.8 THz 的带通滤波器。将相位翻倍后的两路序列通过复用器。与此同时,另一路数据序列Ⅱ和目标序列直接一同输入到一个复用器中,输出经过增益为 15 dB 的放大器后,与另一路的匹配结果经过第 2 个与门。第 2 个与门的结果直接进入到第 2 组循环匹配模块中。第 2 组循环匹配模块的系统设置与第 1 组循环匹配模块相同,此处不再重复介绍。

6.3.3 数值分析

在数据序列为 8PSK 格式下,验证了数据序列长度为 16 位,目标序列长度为 4 位时的序列匹配结果。图 6-21 所示为目标序列为 4 个符号时 8PSK 序列匹配系统的输出。数据序列的相位为 $\{\pi/4, 0, \pi/2, \pi, 5\pi/4, 7\pi/4, 3\pi/2, \pi/4, 3\pi/4, 0, \pi/2, \pi, 5\pi/4, 7\pi/4, 7\pi/4, \pi/4\}$,目标序列的相位为 $\{\pi, 5\pi/4, 7\pi/4, 3\pi/2\}$。第一输出帧表示数据序列中与相位为 $\{\pi\}$ 相匹配的符号,即 $\{0, 0, 0, 1, 0, 0, 0, 0, 0, 0, 0, 1, 0, 0, 0, 0\}$。第二输出帧表示数据序列中与相位为 $\{\pi, 5\pi/4\}$ 相匹配的符号,即 $\{0, 0, 0, 0, 1, 0, 0, 0, 0, 0, 0, 0, 1, 0, 0, 0\}$。第三输出帧表示数据序列中与相位为 $\{\pi, 5\pi/4, 7\pi/4\}$ 相匹配的符号,即 $\{0, 0, 0, 0, 1, 0, 0, 0, 0, 0, 0, 1, 0, 0\}$。第四输出帧表示数据序列中与相位为 $\{\pi, 5\pi/4, 7\pi/4, 3\pi/2\}$ 相匹配的符号,即 $\{0, 0, 0, 0, 0, 0, 1, 0, 0, 0, 0, 0, 0, 0, 0, 0\}$。至此,所有目标序列都在数据序列中得到匹配,即数据序列中有一段与目标序列匹配的序列片段。

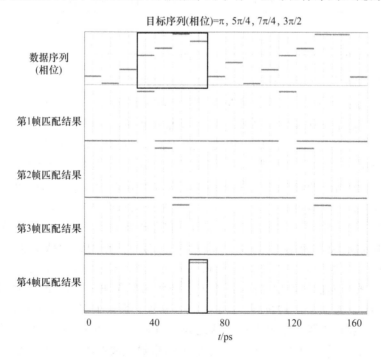

图 6-21　数据序列为 8PSK 时系统的输出

在数据序列为 QPSK 格式下,验证了数据序列长度为 16 位,目标序列长度为 4 位时的序列匹配结果。数据序列 I 的相位为 $\{0,\pi,\pi/2,3\pi/2,\pi,0,\pi,\pi/2,3\pi/2,3\pi/2,0,\pi,\pi/2,3\pi/2,\pi,0\}$,数据序列 II 的相位为 $\{0,\pi,\pi/2,3\pi/2,\pi,0,\pi,\pi/2,3\pi/2,3\pi/2,0,\pi,\pi/2,\pi/2,\pi,0\}$,目标序列的相位为 $\{\pi/2,3\pi/2,\pi,0\}$。

图 6-22 所示为数据序列 I 的匹配结果。第一输出帧表示数据序列中与相位为 $\{\pi/2\}$ 相匹配的符号,即 $\{0,0,1,0,0,0,0,1,0,0,0,0,1,0,0,0\}$。第二输出帧表示数据序列中与相位为 $\{\pi/2,3\pi/2\}$ 相匹配的符号,即 $\{0,0,0,1,0,0,0,0,1,0,0,0,0,1,0,0\}$。第三输出帧表示数据序列中与相位为 $\{\pi/2,3\pi/2,\pi\}$ 相匹配的符号,即 $\{0,0,0,0,1,0,0,0,0,0,0,0,0,0,0,1,0\}$。第四输出帧表示数据序列中与相位为 $\{\pi/2,3\pi/2,\pi,0\}$ 相匹配的符号,即 $\{0,0,0,0,0,1,0,0,0,0,0,0,0,0,0,1\}$。至此,所有目标序列都在数据序列中得到匹配,即数据序列中有两段与目标序列匹配的序列片段。

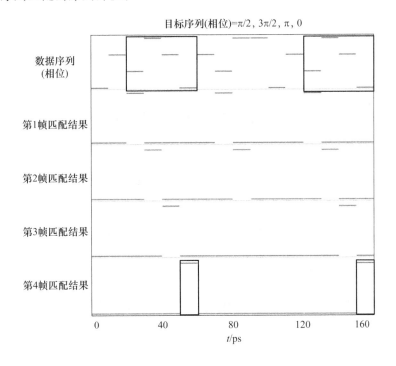

图 6-22 数据序列为 I 时系统的输出

图 6-23 所示为数据序列 II 的匹配结果。第一输出帧表示数据序列中与相位为 $\{\pi/2\}$ 相匹配的符号,即 $\{0,0,1,0,0,0,0,1,0,0,0,0,1,0,0,0\}$。第二输出帧表示数据序列中与相位为 $\{\pi/2,3\pi/2\}$ 相匹配的符号,即 $\{0,0,0,1,0,0,0,0,1,0,0,0,0,1,0,0\}$。第三输出帧表示数据序列中与相位为 $\{\pi/2,3\pi/2,\pi\}$ 相匹配的符号,即 $\{0,0,0,0,1,0,0,0,0,0,0,0,0,0,0,1,0\}$。第四输出帧表示数据序列中与相位为 $\{\pi/2,3\pi/2,\pi,0\}$ 相匹配的符号,即 $\{0,0,0,0,0,1,0,0,0,0,0,0,0,0,0,1\}$。至此,所有目标序列都在数据序列中得到匹配,即数据序列中有两段与目标序列匹配的序列片段。

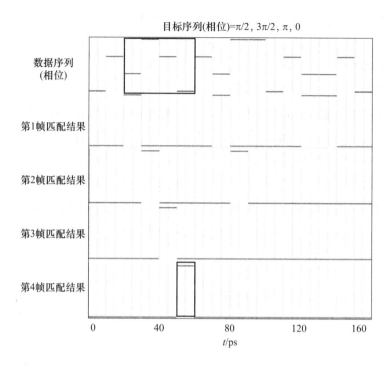

图 6-23　数据序列为Ⅱ时系统的输出

6.4　本 章 小 结

　　第 6 章介绍了基于 HNLF 的可重构全光序列匹配系统。该系统针对不同调制格式的信号设计，展示了在网络中多种调制格式并存的情况下，如何通过可重构的全光匹配结构来降低网络节点的复杂度和成本。本章详细地说明了系统的设计原理和实现方法，并通过仿真结果展示了系统的高效性和灵活性。特别是，本章强调了可重构全光匹配系统在处理高阶调制信号时的优势，如对 OOK/BPSK 及高阶 QPSK 和 8PSK 信号的处理能力，验证了该系统在未来高速、高效通信网络中的应用价值。

本章参考文献

[1]　SHI Z，LI X，SHI H，et al. All-Optical Matching Structure for Multi-Order Modulation Formats[J]. Optical Engineering，2023，62(6)：1-14.

[2]　SHI Z，LI X，TANG Y，et al. Reconfigurable All-Optical Binary Pattern Matching for OOK and BPSK Modulation Formats[C]//Asia Communications and Photonics Conference（ACP）. Shanghai，China：IEEE，2021：1-3.

［3］　TANG Y，LI X，SHI H，et al. Reconfigurable All-Optical Pattern-Matching System for Phase Modulation Formats Based on Phase-Sensitive Amplification in Highly Nonlinear Fiber[J]. Optical Fiber Technology，2023，81：103548.

［4］　石子成. 面向高阶调制格式的全光可重构匹配技术研究［D］. 北京：北京邮电大学，2023.

第7章
基于全光匹配的光包过滤与光子防火墙部署

光子防火墙是一种全光的安全防护设备,它可以依据已知的安全策略在光层实现入侵检测和安全防护。由于光子防火墙工作在全光状态,避免了传统的光/电/光转换,大大降低了系统的功耗。且光子防火墙不受"电子瓶颈"的限制,具有较高的处理速率,可以替代多台电子防火墙进行工作,降低了节点的复杂度。基于以上形式,本章提出了一种最基本的光子防火墙结构,即光包过滤结构。该结构可以在全光环境下识别并滤除含有指定地址序列的光包。除此之外本章还介绍了光子防火墙在网络中的部署问题,由于对光子防火墙的研究还处于起步阶段,技术尚不成熟,因此无法在所有节点部署光子防火墙。因此如何合理地选择网络节点部署光子防火墙成为网络资源优化中需要关注的问题。线性规划是一种解决方案,通过设定目标函数和约束条件可以实现对业务的路由和波长分配以及为光子防火墙选择合适的节点。其中目标函数为带宽资源消耗和防火墙数量两个变量分配不同的权重,以实现对带宽资源消耗和防火墙数量的权衡。约束条件为在实现路由和波长分配的基础上每条业务至少经过一个光子防火墙。通过线性规划可以得到最优解,但是线性规划的缺点是计算量庞大,当网络拓扑较大时,使用线性规划需要很长时间才能得到结果,甚至无法计算出结果。除此之外,使用线性规划无法考虑业务阻塞的情况,当业务量较大最终存在业务阻塞的情况时,使用线性规划将无法得到输出结果。启发式算法是一种能够有效解决上述问题的方案,启发式算法是一种基于直观或者经验构造的算法,与相对最优解算法的主要思想不同。虽然与最优解存在一定的偏差,但是启发式算法在可接受的时间和空间复杂度下可以得到待解决问题的近似解。

7.1 基于全光序列匹配的光包过滤结构

7.1.1 工作原理

图 7-1 所示为通过并行结构实现的全光序列匹配模块,该模块由全光逻辑门、光开关和

延迟线组成。其中同或门(XNOR)的两路输入分别为调制格式为 OOK 的光包序列 A 和一串全"0"序列,序列 A 与全"0"序列经过同或门得到的结果表示序列 A 的每一位与"0"匹配的结果,分光器 1 的下支路应与全"1"序列进行匹配,但是序列 A 与全"1"序列进行同或运算得到的依然是序列 A 本身,所以直接将序列 A 接入分光器 3。此时分光器 2 对应的是序列 A 的每一位与"0"匹配的结果,分光器 3 对应的是序列 A 的每一位与"1"匹配的结果。光开关的数量由目标序列 B 的位数决定(认为目标序列和光包地址序列等长),假设序列 B 的长度为 4 位,则需要使用 4 个光开关,每个光开关按照与其对应的序列 B 的符号选择输入信号。例如,当序列 B 的第 N 位为"0"时,需要将第 N 个光开关切换到分光器 2 的输出端口;当序列 B 的第 M 位为"1"时,需要将第 M 个光开关切换到分光器 3 的输出端口。

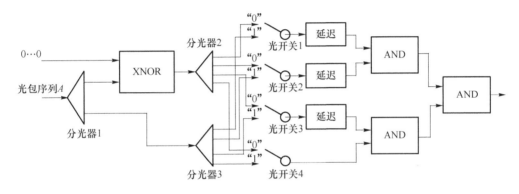

图 7-1　全光序列匹配的并行结构实现原理

延迟模块对光开关的输出信号进行延迟,延迟长度为序列 B 总位数减去光开关对应符号在序列 B 中的位数,然后乘以单个符号的时间宽度,其目的是将不同位的匹配结果延迟到相同时刻,用于后续与门(AND)阵列的运算。例如,对于第 2 位匹配结果需要延迟 2 位(序列 B 长度 4 减去这个符号所在的位数 2)。与门阵列是用来对所有延迟模块的输出以及最后一位不经过延迟的输出执行与的操作。最终与门阵列的输出结果表示目标序列 B 与光包序列 A 的匹配结果。当与门阵列的输出在第 M 位为"1"时,表明光开关 1、2、3、4 分别在 $M-3$、$M-2$、$M-1$、M 位的输出均为"1"。上述结论表明,此时目标序列 B 与序列 A 的第 $M-3$ 位到第 M 位匹配。如果序列 A 的地址序列部分最后一位对应位置处输出结果为"1",则表示序列 A 的地址序列与目标序列 B 匹配,如果该位置为"0"则表示两者不匹配。

由全光序列匹配模块的结果可知,若序列 B 与序列 A 内的某一段中间序列 C 匹配,则会在序列 C 的最后一位位置处出现一个脉冲。序列 A 由地址序列和数据序列组成,除地址序列外,数据序列内也可能包含序列 B。此时需要通过一个与门来滤出序列 B 与序列 A 的地址序列的匹配结果。将匹配结果和序列 D 同时进入一个与门,其中序列 D 是一段前面全"1"后面全"0"的序列,"1"的位数等于序列 A 地址序列的位数,"0"的位数等于序列 A 数据序列的位数。经过与门后,序列 A 数据序列部分与序列 B 的匹配结果被滤除,只剩序列 A 的地址序列与序列 B 的匹配结果。

由于序列 A 的地址序列和序列 B 的匹配结果仅在地址序列的最后一位处存在输出脉

冲，为了得到能够控制序列 A 输出与否的控制信号，需要对匹配结果进行延迟叠加，得到一段与序列 A 等长的序列。假设序列 A 的长度为 12 位，延迟线的配置由延迟 1 和延迟 2 组成，其中延迟 1 由 3 根延迟线组成，3 根延迟线的延迟长度分别为 $1/V$、$2/V$ 和 $3/V$，其中 V 为信号比特率。经过延迟 1 后得到一段从序列 A 地址序列最后一位开始，长度为 $4/V$ 的信号。延迟 2 由 2 根延迟线组成，2 根延迟线的延迟长度为 $4/V$ 和 $8/V$。延迟 1 的输出结果经过延迟 2 后得到一段从地址序列最后一位开始，长度为 $12/V$ 的序列 E，该序列与序列 A 等长。

为了实现光包过滤的目的，需要对序列 E 进行取反操作。经过一个非门后，就能够得到一个在匹配处为全"0"，在其他位置为"1"的控制信号。通过该控制信号可以实现对光包的过滤。经过非门后得到的控制信号与经过延迟的序列 A 共同进入一个与门，其中序列 A 的延迟长度为 3 位，目的是使序列 A 和非门输出的全"0"序列对齐。图 7-2 所示为光包过滤系统模块[1]。图 7-3 和图 7-4 所示为目标信号与输入信号地址序列匹配和不匹配两种情况下的输出结果，当序列 A 地址序列和序列 B 匹配时，序列 A 被滤除，当序列 A 地址序列和序列 B 不匹配时，序列 A 正常输出。这就实现了光包过滤的功能。

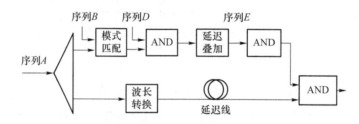

图 7-2　光包过滤系统模块

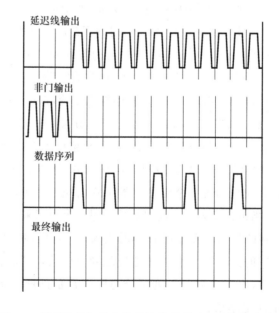

图 7-3　目标信号与输入信号地址序列匹配时的输出波形

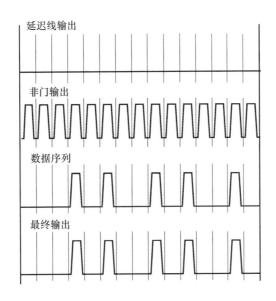

图 7-4　目标信号与输入信号地址序列不匹配时的输出波形

7.1.2　仿真搭建

利用 VPItransmissionMaker 软件搭建仿真平台验证基于全光序列匹配的光包过滤系统对于传输速率为 100 Gbit/s、调制格式为 OOK 的传输信号的有效性,如图 7-5 所示。系统输入信号的功率为 3 mW,系统内部每个模块的输出功率通过 EDFA 控制到 3 mW,目的是维持系统的稳定性。系统使用 HNLF 的长度为 1 km,中心频率为 193.1 THz,衰减为 0.2 dB/km,非线性系数为 6.29 m^2/W。该系统共传输 3 个光包,每个光包的长度为 12 位,其中前 4 位为地址序列,后 8 位为数据序列,每两个光包序列之间使用一段长度为 12 的全"0"序列隔开。首先光信号经过分光器后分为上下两支路,上支路信号用于与目标序列进行匹配,匹配结果用于控制下支路的输出与否。上支路信号同样经过分光器后分为两路,其中一路与全"0"序列通过同或门,作为与"0"匹配的结果;另一路不采取任何操作,作为与"1"匹配的结果。然后依据目标序列对开关阵列进行配置。光开关的输出结果经过一个与门阵列就得到了光包序列和目标序列的匹配结果。由于与门利用了 HNLF 的 FWM 效应,2 个输入信号的波长不能相同,因此其中一个输入信号需要通过一个波长转换器来改变波长。与门阵列的输出结果经过延迟模块后与光包等长,由于该仿真设置信号速率为 100 Gbit/s,因此延迟模块的第一部分 3 根延迟线的参数分别为 10 ps、20 ps 和 30 ps,第二部分 2 根延迟线的参数分别为 40 ps 和 80 ps。然后经过一个非门后就可以使用非门输出信号来控制光包的输出或滤除。最终通过比较输入端和输出端的信号分析仪可以验证是否实现了光包过滤功能。

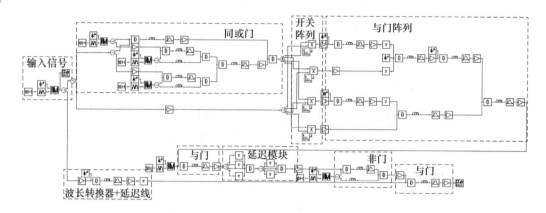

图 7-5　基于全光序列匹配的光包过滤系统仿真搭建

7.1.3　结果分析

图 7-6 所示为传输速率为 100 Gbit/s 时,光包过滤系统的输入端的信号波形。输入信号包含的 3 个光包分别为{1, 0, 1, 1, 0, 1, 0, 1, 0, 0, 1, 1}、{0, 1, 0, 1, 0, 1, 0, 1, 0, 0, 1, 0}和{1, 1, 1, 1, 0, 1, 0, 1, 1, 0, 1, 1},其中光包前 4 位为地址序列,后 8 位为数据序列。设目标序列为{0, 1, 0, 1},图 7-7 所示为输入信号与目标序列的全光匹配结果,由图可知,在 3 个光包中检测到多段{0, 1, 0, 1}序列,且有一部分目标序列存在于光包的数据序列内。为了只得到目标序列和光包的地址序列的匹配结果,将图所示的全光匹配结果与一个地址序列为"1"、数据序列为"0"的信号共同通过与门。图 7-8 所示为输入信号的 3 个光包中地址序列与目标序列的匹配结果,与门的输出只有一个高电平,且该高电平的位置对应第 2 个光包的第 4 位,这说明第 2 个光包的地址序列与目标序列相匹配。图 7-9 和图 7-10 所示分别为延迟线输出和非门输出,非门输出可以用来作为判决光包是否被允许输出的控制信号,因为延迟线输出的第 1 位对应光包地址序列的最后一位,所以延迟线和非门的输出与输入光包相比有着 3 位的延迟。图 7-11 所示为系统输出结果,由非门的输出信号和延迟 3 位的输入光包序列通过与门后得到。根据输出端的信号波形可以看出,地址序列为"0 1 0 1"的第 2 个光包被滤除,其余光包正常输出,实现了光包过滤功能。

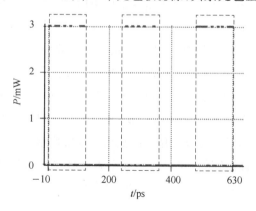

图 7-6　系统输入端信号波形

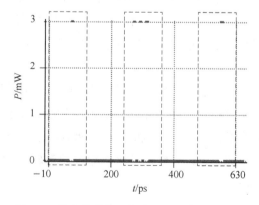

图 7-7　输入信号与目标序列的全光匹配结果

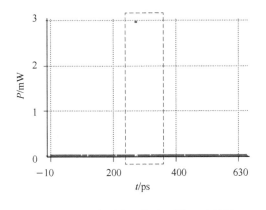

图 7-8 地址序列与目标序列的匹配结果

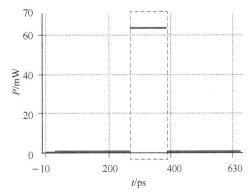

图 7-9 延迟叠加后的信号波形

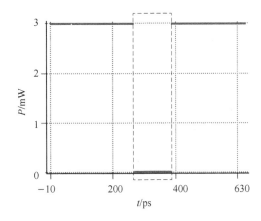

图 7-10 非门输出的信号波形

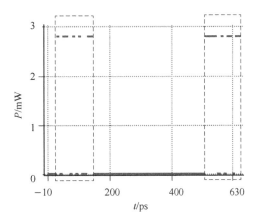

图 7-11 系统输出端的信号波形

综上所述,所提出的系统能够在全光序列匹配模块的作用下实现对输入信号中目标序列的匹配,然后通过使用逻辑门和延迟线将匹配结果转换为控制光包滤除与否的控制信号,最终将控制信号与输入信号相与,滤除地址序列为指定目标序列的光包,实现了对可能存在危险性信号的过滤。

7.2 光子防火墙部署

7.2.1 问题分析

七节点网络拓扑及其路由分配如图 7-12 所示。假设每条光纤链路都支持 O-OFDM 多路复用。使用 $S(s,d,B)$ 表示网络中传输的一条业务,其中 s 表示业务的原节点,d 表示业务的目的节点,B 表示传输业务所需要的带宽。如图 7-12 所示,网络中存在 5 个需要传输的业务。以上 5 个业务可以分别表示为 $S(1,7,30\text{ GHz})$、$S(2,5,20\text{ GHz})$、$S(3,6,$

40 GHz)、$S(7,4,30\,\text{GHz})$ 和 $S(2,4,30\,\text{GHz})$。弹性光网络中每个频隙的带宽为 12.5 GHz,因此可以根据各业务的传输带宽计算出各业务所需的频隙数量。假设光纤链路的最大频隙为5 个,每个光子防火墙最多可以处理 10 个频隙。图 7-12 显示了每个业务的路由和频谱分配方案,同时最大限度地减少频谱资源消耗。观察图 7-12 可以发现,如果需要满足每条业务至少要经过 1 个光子防火墙,那么至少需要放置 3 个光子防火墙来覆盖所有服务。有许多安置方案,如在(1,4,6)节点或(2,3,7)节点等。如果将第 1 个业务的路由更改为"1→6→7",虽然会消耗更多的频谱资源,但只需要 2 个光子防火墙,其位置分别为节点 4 和节点 6,如图 7-13 所示。然后,在节点 6 处有 9 个频隙通过光子防火墙,这小于光子防火墙可以处理的最大频隙数。

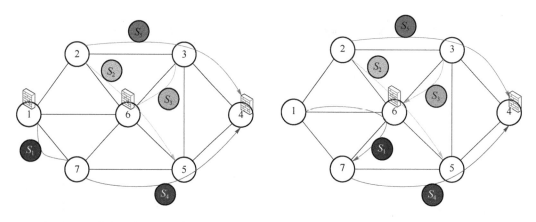

图 7-12 七节点网络拓扑及其路由分配   图 7-13 使用更少光子防火墙时的路由分配

如果继续改变其他服务的路由,使所有服务都通过一个点,这将超过光子防火墙可以处理的最大频隙数。因此至少需要两台光子防火墙来满足光网络保护的需求,节点位置选择在节点 4 和节点 6。对比两种结果可以发现,第 2 种方法使用的光子防火墙较少,网络资源消耗仅略有增加。本章的工作是综合考虑光子防火墙的数量和频谱资源的消耗,选择合适的光子防火墙的位置。

7.2.2 线性规划

本节通过建立线性规划模型来解决静态业务的路由、频谱分配和光子防火墙部署问题。所提出的线性规划模型的目标是综合考虑频谱资源的消耗和光子防火墙的数量来选择成本最低的解决方案[2-3]。

表 7-1 给出了线性规划模型中使用的符号和变量及其含义。

表 7-1 符号和变量及其含义

符号和变量	含义
$G(V, E)$	表示弹性光网络,其中 V 是网络中所有节点的集合,E 是网络中所有链路的集合
T	所有业务的集合,$(s,d,B) \in T$,(s,d) 表示业务集 T 中从源节点 s 到目的节点 d 的业务,B 表示 (s,d) 的业务所需要占用的频隙数(带宽除以单个频隙宽度并取整),其中 s 不等于 d

符号和变量	含义
Λ	一条光纤链路上所有频隙的集合，$f \in \Lambda$，$\lvert\Lambda\rvert$ 表示一条光纤链路的频隙数量
Δ	一个很大的正整数
$P_{(i,j),f}^{(s,d,B)} \in \{0,1\}$	二进制变量，当链路 (i,j) 上的频隙 f 被业务 (s,d) 占用时为 1，否则为 0
$A_{(i,j)}^{(s,d,B)} \in \{0,1\}$	二进制变量，当业务 (s,d) 通过链路 (i,j) 时为 1，否则为 0
$A_{(i,j),f,k}^{(s,d,B)} \in \{0,1\}$	将乘法转换为加法的中间变量
$x_k \in \{0,1\}$	二进制变量，当光子防火墙放在节点 k 上时为 1，否则为 0
K	光子防火墙能处理的频率槽的最大数目

$$\min\left(\alpha \sum_{(s,d,B)\in T} \sum_{(i,j)\in E} \sum_{f\in A} P_{(i,j),f}^{(s,d,B)} + (1-\alpha)\sum_{k\in V} x_k\right) \tag{7-1}$$

式(7-1)是线性规划的目标函数，用于综合权衡频谱消耗和使用的光子防火墙数量，其中 α 和 $(1-\alpha)$ 分别表示频谱资源和防火墙数量的权重。

$$\sum_{j:(i,j)\in E} R_{(i,j)}^{(s,d,B)} - \sum_{j:(j,i)} R_{(j,i)}^{(s,d,B)} = \begin{cases} 1 & i=s \\ -1 & i=d \\ 0 & 其他 \end{cases} \quad \forall (s,d,B)\in T \tag{7-2}$$

式(7-2)是连续性约束，表示对于非源节点和目的节点，业务不经过此节点，或进入此节点并从此节点发出。对于源节点，业务从此节点发出。对于目的节点，业务进入此节点。

$$\sum_{j:(i,j)\in E}\sum_{f\in A} P_{(i,j),f}^{(s,d,B)} - \sum_{j:(j,i)\in E}\sum_{f\in A} P_{(j,i),f}^{(s,d,B)} = \begin{cases} B & i=s \\ -B & i=d \\ 0 & 其他 \end{cases} \quad \forall (s,d,B)\in T \tag{7-3}$$

式(7-3)保证了每个中间节点的流量守恒。除了源节点和目的节点，中间节点的进出流量总和相等。源节点流出的总流量是 B，目的节点流入的总流量是 B。

$$P_{(i,j),f}^{(s,d,B)} \leqslant R_{(i,j)}^{(s,d,B)} \quad \forall (s,d,B)\in T, (i,j)\in E, f\in\Lambda \tag{7-4}$$

式(7-4)保证流量只沿一条光路传输，没有分流。

$$\sum_{j:(i,j)\in E} P_{(i,j),f}^{(s,d,B)} - \sum_{j:(j,i)\in E} P_{(j,i),f}^{(s,d,B)} = 0 \quad i\neq s, i\neq d, \forall (s,d,B)\in T, (i,j)\in E, f\in\Lambda \tag{7-5}$$

式(7-5)为频隙一致性约束，保证光路从源节点到目的节点的每条链路占用相同的频隙。假设网络节点没有频谱转换能力。

$$(P_{(i,j),f}^{(s,d,B)} - P_{(i,j),f+1}^{(s,d,B)} - 1)\times(-\Delta) \geqslant \sum_{f\in[f+2,\lvert\Lambda\rvert]} P_{(i,j),f}^{(s,d,B)} \quad \forall (s,d,B)\in T, (i,j)\in E, f\in\Lambda \tag{7-6}$$

式(7-6)保证了一个业务在每条链路上只能占用连续的频隙。

$$\sum_{(s,d,B)\in T} P_{(i,j),f}^{(s,d,B)} \leqslant 1 \quad \forall (i,j)\in E, f\in A \tag{7-7}$$

式(7-7)表示每条链路上的一个频隙只能被一个业务占据。

$$\sum_{(s,d,B)\in T}\sum_{f\in A} P_{(i,j),f}^{(s,d,B)} \leqslant \lvert\Lambda\rvert \quad \forall (i,j)\in E \tag{7-8}$$

式(7-8)表示每条链路上使用的频隙数量不能超过光纤的最大频隙数。

$$A^{(s,d,B)}_{(i,j),f,k} \leqslant P^{(s,d,B)}_{(i,j),f} \quad \forall (s,d,B) \in T, (i,j) \in E, f \in \Lambda, k \in \text{Nodes} \tag{7-9}$$

$$A^{(s,d,B)}_{(i,j),f,k} \leqslant x_k \quad \forall (s,d,B) \in T, (i,j) \in E, f \in \Lambda, k \in \text{Nodes} \tag{7-10}$$

$$A^{(s,d,B)}_{(i,j),f,k} \geqslant P^{(s,d,B)}_{(i,j),f} + x_k - 1 \quad \forall (s,d,B) \in T, (i,j) \in E, f \in \Lambda, k \in \text{Nodes} \tag{7-11}$$

式(7-9)~式(7-11)用于将乘法运算转换为加法运算,目的是得到 $A^{(s,d,B)}_{(i,j),f,k} = P^{(s,d,B)}_{(i,j),f} x_k$。

$$\sum_{j:(i,j) \in E} \sum_{(s,d,B) \in T} \sum_{f \in A} A^{(s,d,B)}_{(i,j),f,j} \leqslant K \tag{7-12}$$

式(7-12)表示经过光子防火墙的频隙数量不能超过光子防火墙最大处理能力。

$$\sum_{(i,j) \in E} \sum_{f \in A} A^{(s,d,B)}_{(i,j),f,j} \geqslant 1 \quad \forall (s,d,B) \in T \tag{7-13}$$

式(7-13)表示每条业务至少要经过一个光子防火墙。

通过上述目标函数和约束条件,就可以实现各业务的路由、频谱分配和光子防火墙的部署。

7.2.3　启发式算法

本节采用贪婪策略实现了光子防火墙的部署。首先,为所有业务需求进行最短路径的路由和频谱分配,此时所有业务均采用最佳路由(频谱资源消耗最少)。在路由矩阵中记录所有服务及其对应的路由。然后选择一个节点作为第1个光子防火墙放置节点。选择的依据是通过该节点的业务占用的频隙数量之和是所有节点中最多的。然后对路由矩阵中的所有业务进行判断,如果该业务经过了光子防火墙,则表示该业务的安全性得到了保证,将其从业务矩阵中删除。此时需要考虑的是光子防火墙的最大处理能力,当该节点的业务所占用的频隙数量超过了光子防火墙能够处理的最大数量时,表示有一部分业务无法被处理,将超出光子防火墙最大处理能力的业务保留在业务矩阵中。当该节点的业务所占用的频隙数量无法充分利用光子防火墙的处理能力时,需要选择一些业务改变其路由使其经过此节点,直到光子防火墙的处理速度达到饱和,选择的标准是尽可能少地增加频谱资源消耗。然后开始寻找下一个节点。重复此过程,对服务矩阵中的剩余服务重新进行路由和波长分配,直到服务矩阵中不包含任何服务,表示所有服务都已通过光子防火墙,或者无法为业务矩阵中剩余的业务分配路由,表示业务被阻塞。

7.2.4　仿真和结果分析

假设光纤的频隙数量为20个,一个光子防火墙可以处理的最大频隙数为40个。由于线性规划模型的时间复杂度较高,所以在较简单的网络拓扑中分析频谱资源消耗和防火墙数量。本节对线性规划、启发式算法和全节点部署防火墙3种方案使用的防火墙数量和频谱资源消耗进行了比较和分析。线性规划的目标函数设定又分为两种情况,第1种情况是只考虑光子防火墙的数量($\alpha=0$)。第2种情况是同时考虑光子防火墙的数量和网络的频谱资源消耗($\alpha=0.5$)。线性规划的第2个目标函数旨在减少光子防火墙的使用,而不增加频谱资源的过度消耗。假设每个服务占用的频隙数不超过3个。

图7-14和图7-15显示了在线性规划模型1、线性规划模型2、启发式算法(使用较少防火墙)、所有节点都具备光子防火墙4种情况下不同业务量下的频谱资源消耗和光子防火墙

数量。线性规划模型 1 表示只考虑光子防火墙数量的情况,线性规划模型 2 是结合考虑光子防火墙数量和频谱资源消耗的情况。可以看出,在频谱资源消耗方面,线性规划模型 1 由于对网络的频谱资源消耗没有限制,因此比其他 3 种情况消耗更多的网络频谱,启发式算法对频谱资源的消耗略高于线性规划模型 2。当所有节点都有光子防火墙时,使用的频谱资源最小,但基本上与线性规划模型 2 的结果相近。在防火墙数量方面,线性规划模型 1 使用的防火墙数量最少,但是以频谱资源消耗为代价,启发式算法也使用了较少的光子防火墙,只比线性规划模型 1 略多。这是为了满足权衡频谱资源消耗与光子防火墙数量的实验需求。使用最少数量的光子防火墙,尽可能减少频谱资源消耗的增加。

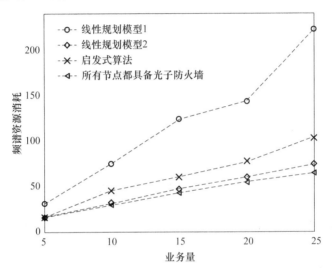

图 7-14　不同部署策略下的频谱资源消耗比较

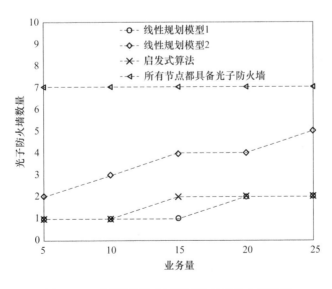

图 7-15　不同部署策略下需要的光子防火墙数量

下面在一个较为复杂的网络中使用启发式算法来解决此问题,14 节点拓扑结构如图 7-16 所示。假设光子防火墙的最大处理频隙数为 40 个,表 7-2 给出了不同业务量下的频谱资源消耗、光子防火墙位置和阻塞率。可以看出,当频谱资源消耗增加到 250 左右时,网络达到饱和状态。此时,由于不满足频谱分配的约束条件,网络中业务的阻塞率已经变得非常高,但是还有一些频谱碎片没有被使用,如何更加高效地利用好频谱碎片有待进一步研究。

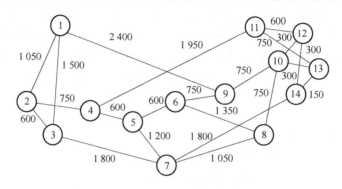

图 7-16　14 节点的网络拓扑

表 7-2　不同业务量下的频谱资源消耗、光子防火墙位置和阻塞速率

业务数量	频谱资源消耗	光子防火墙位置	阻塞率
50	132	1,10,14	0
75	157	4,7,9,10	0.053
100	181	1,4,7,10,11	0.220
125	195	4,6,7,10,11,13	0.288
150	198	2,4,7,9,10,11	0.400
175	208	1,4,6,7,10,12	0.440
200	238	4,6,7,9,10,11	0.530
225	240	3,4,5,7,10,11	0.560
250	242	1,4,6,7,10,13	0.572
275	250	1,4,6,7,10,11	0.593
300	260	1,2,4,6,7,10,11	0.607

7.3　本章小结

　　本章介绍了光子防火墙的实现及其在网络中的部署。首先利用前文所述的全光序列匹配系统结合后续的过滤操作实现了全光的光包过滤结构,该结构可以在全光条件下滤除含有指定地址序列的光包,实现了光子防火墙的基本过滤功能。由于光子防火墙功能发展不完善,无法在所有网络节点部署,所以后续研究了光子防火墙的部署问题,综合考虑了光子防火墙的数量和网络的频谱资源消耗,使用线性规划和启发式算法分别给出了路由和波长分配方案以及光子防火墙的部署位置。

本章参考文献

［1］ LI X，SHI Z，RUAN F，et al. All-Optical Sequence Matching（AOSM）Enabled All-Optical Switching for Optical Data Center Networking［C］//The 13th International Conference on Electronics，Communications and Networks（CECNet2023）. Macao，China：IOS Press，2023：650-656.

［2］ TANG Y，LI X，SHI Z，et al. Spectrum-Efficient Service Provisioning in Elastic Optical Networks with Photonic Firewalls［C］//2021 International Conference on Optical Communications and Networks（ICOCN 2021）. Qufu，China：IEEE，2021：1-3.

［3］ 石子成. 面向高阶调制格式的全光可重构匹配技术研究［D］. 北京：北京邮电大学，2023.

第8章

全光序列匹配中的抗噪声与噪声抑制

8.1 噪 声 简 介

匹配系统噪声会影响系统的匹配正确率,导致匹配出错。对匹配系统具有影响的噪声来自数据源、系统中的光纤和 EDFA。

EDFA 产生的噪声有散粒噪声、拍频噪声、ASE 噪声和频差噪声等。EDFA 中的散粒噪声是一种由光本身的量子性质引起的噪声。EDFA 广泛用于光通信系统中,用以在长距离上放大弱信号而不将其转换为电信号。它们的工作原理是刺激掺入光纤的铒离子发射光子,从而放大入射的光信号。散粒噪声主要是由于电荷载流子(在电子系统中)的随机运动或光的量子性质(在光学系统中)产生的。在 EDFA 的背景下,散粒噪声与光子在检测器处的随机到达时间有关,这会在检测到的信号中产生波动。当光学信号被 EDFA 放大时,该过程通过受激发射将额外的光子引入信号中。这些光子中的每一个都随机到达探测器,从而导致散粒噪声。

散粒噪声的存在影响系统的信噪比(Signal to Noise Ratio,SNR),信噪比是决定光通信系统质量和性能的关键参数。较高水平的散粒噪声会降低 SNR,限制系统检测和正确解释接收信号的能力,尤其是在较低功率水平下。这在信号电平很低的系统中尤其相关,如在长距离传输中或在具有许多衰减信号的无源组件的网络中。

匹配系统使用的 EDFA 的散粒噪声的功率 $P_{shot} = 2eI\Delta f$,其中 e 是基本电荷(库仑),I 是由光检测的光功率(放大信号)引起的平均电流,Δf 是系统或检测器的带宽。

EDFA 中的拍频噪声是影响光通信系统性能的另一个重要噪声源。与由光的量子性质和光子到达时间的随机性引起的散粒噪声不同,拍频噪声是由 EDFA 内不同光学频率的混合引起的。这种噪声在利用密集波分复用(DWDM)的系统中变得特别相关,在密集波分多路复用中,在紧密间隔的波长下的多个光信道被一起放大。EDFA 中的拍频噪声主要通过两种机制产生:由于反射或色散,信号本身的拍频/自拍频,以及放大器引入的 ASE 噪声对信号的拍频。此外,在不同的信号波长之间以及在跨越这些波长的信号和 ASE 噪声之间可能存在交叉差拍。拍频噪声的影响以相位噪声和强度噪声的形式最为明显,这会显著降低信噪比,并导致信号检测和解释中的误差。

拍频噪声的功率 P_{beat} 可以通过考虑信号和 ASE 之间的自差拍和差拍以及不同信号之

间的交叉差拍的贡献来估计。差拍噪声的计算涉及所涉信号的功率电平、ASE 的光学带宽和接收器的带宽。

EDFA 中的 ASE 是决定光通信系统性能的一个基本现象。ASE 本质上是由光纤放大器内铒离子的光子自发发射产生的背景噪声，然后通过放大信号的相同过程对其进行放大。这种噪声是放大过程固有的，并且表示系统中可实现的 SNR 的极限。ASE 源于铒离子的光子自发发射，铒离子在放大过程中被激发到更高的能量状态。当这些离子返回到较低能量状态时，它们会以随机的方向和相位发射光子。这些自发发射的光子中的一些在穿过掺铒光纤时会被放大，就像信号光子一样，导致宽光谱的背景噪声。ASE 具有跨越 EDFA 的整个增益带宽的光谱，通常覆盖用于电信应用的 C 波段（约 1 530～1 565 nm）和 L 波段（约 1 565～1 625 nm）。ASE 的光谱形状则由铒离子的发射特性和放大器的增益分布决定[1]。

光通信系统中 ASE 噪声的存在以几种方式影响其性能：首先会导致 SNR 降低，ASE 将信号作为噪声添加，降低系统的整体 SNR。这种退化限制了最大传输距离和数据速率，因为它会导致更高的误码率（BER）。其次是会导致增益饱和，高水平的 ASE 会消耗 EDFA 中可用增益的很大一部分，导致增益饱和。这限制了可用于放大实际信号的功率。最后 ASE 还在波长依赖性方面影响着 EDFA，EDFA 产生的 ASE 量在不同波长之间变化。这需要仔细管理放大器的增益分布，特别是在 WDM 系统中。

ASE 的强度通常用功率谱密度来描述。对于一个连续、宽带的噪声，其功率谱密度为 $S_{\mathrm{ASE}}(v)=\dfrac{hv}{A_{\mathrm{eff}}}\Big(\dfrac{n_{\mathrm{sp}}+1}{2}\Big)G$。其中 S_{ASE} 是 ASE 噪声的功率谱密度，单位为 W/Hz；h 是普朗克常数，约为 6.626×10^{-34} J·s；v 是频率，单位为 Hz；A_{eff} 是光纤的等效截面积，单位为 m^2；n_{sp} 是光子数密度，即每立方米的光子数；G 是放大器的增益。

这个公式描述了 ASE 噪声与放大器的增益、光子数密度以及光纤的等效截面积之间的关系。ASE 噪声的功率谱密度随着频率的增加而增加，这是因为 ASE 噪声在光通信系统的工作频率范围内是连续的。

频差噪声通常在 EDFA 及其 ASE 光谱的背景下讨论，是一种噪声形式，当 ASE 噪声的不同光谱分量相互作用或与信号相互作用时，由 ASE 噪声的不同光谱分量之间的差拍而产生。这种现象会影响光通信系统的性能，特别是在多个信道同时被放大的密集波分复用系统中。

在 EDFA 中，光子的自发发射使 ASE 在放大器的增益带宽上产生。这种 ASE 噪声包含广泛的频谱。当来自该 ASE 噪声的两个不同频率（或者一个来自 ASE 噪声，一个来自信号）在光接收器中或光纤内混合在一起时，它们可以产生新的频率，包括对应于原始频率之间的差的拍频。这种混合过程会导致额外的噪声，称为频差噪声或互调噪声，这会降低信号质量，对整个光通信系统产生影响，比如 ASE 频谱分量的跳动产生的额外噪声会降低信噪比，导致更高的误码率；还会导致信道串扰，在 DWDM 系统中，频差噪声会导致信道串扰，其中来自一个信道的噪声会干扰另一个信道，从而降低接收信号的质量。

总之，EDFA 中的这些噪声会影响系统的可靠性，必须对其进行管理，以确保光通信系统的高性能。通过系统设计和噪声缓解策略的使用，可以将噪声的影响降至最低，从而实现可靠高效的光通信。

数据源的噪声主要是由激光器引入的，包括强度噪声（或振幅噪声）和相位噪声。后者得到有限激光线宽,并且与频率噪声相关。它通常会限制激光的时间相干性。

光纤的模式噪声在光纤出射端面上呈现随时间做急剧变化的斑纹,这是由在光纤内传播着多模造成的。这种随机变化将导致光纤模式噪声,这是一种新型的噪声。

8.2　噪声抑制的技术实现原理

光纤作为各向同性介质,二阶非线性极化率为 0,因而在光纤中只存在三阶参量过程[2]。光纤的 FWM 效应就起源于光纤中的三阶非线性极化效应,是光纤中 4 个光子相互作用而导致的非线性光学效应。光学参量过程应该遵循能量守恒定律,每两个泵浦光子的湮灭都会产生一个探测光频率的光子和一个闲频光频率的光子。角频率为 ω_{p1}、ω_{p2} 的泵浦光与角频率为 ω_{pr} 的探测光、角频率为 ω_i 的闲频光满足 $\omega_{p1}+\omega_{p2}=\omega_{pr}+\omega_i$ 的关系。大部分光学参量放大的应用中,两束泵浦光合二为一,称为简并 FWM,所以在光纤中只存在 3 个波长的光信号。

光学参量过程一般必须通过相应的相位匹配方式来实现。FWM 的相位匹配条件可以表述为[3]:

$$\Delta k = \Delta\beta_M + \Delta\beta_w + \Delta\beta_{NL} = 0 \tag{8-1}$$

其中 $\Delta\beta_M$、$\Delta\beta_w$、$\Delta\beta_{NL}$ 分别是材料色散相位失配项、波导色散相位失配项和非线性色散相位失配项。有效折射率为 $\bar{n}=n+\Delta n$,Δn 由波导引起的材料折射率变换。$\Delta\beta_M$、$\Delta\beta_w$ 都可以通过公式 $\Delta\beta=(\tilde{n}_p\omega_p-\tilde{n}_{pr}\omega_{pr}-\tilde{n}_i\omega_i)/c$ 得出。

简并 FWM 相位匹配条件中:

$$\Delta\beta_M = (n_i\omega_i + n_{pr}\omega_{pr} - 2n_p\omega_p)/c \tag{8-2}$$

$$\Delta\beta_w = (\Delta n_i\omega_i + \Delta n_{pr}\omega_{pr} - 2\Delta n_p\omega_p)/c \tag{8-3}$$

$$\Delta\beta_{NL} = 2\gamma p_p \tag{8-4}$$

其中 γ 为光纤非线性系数,c 为光速。如果实现相位匹配,$\Delta\beta_M$、$\Delta\beta_w$、$\Delta\beta_{NL}$ 中至少有一项为负。单模光纤对所有波长的光有几乎相同的 Δn,$\Delta\beta_w$ 则为 0。

光脉冲在光纤传输中的波动方程为

$$\nabla^2 E - \frac{1}{c^2}\frac{\partial^2}{\partial t^2} = \mu_0\frac{\partial^2 P_L}{\partial t^2} + \mu_0\frac{\partial^2 P_{NL}}{\partial t^2} \tag{8-5}$$

对脉冲宽度大于 1 ps 的非超短脉冲,即在准连续波情况下,可使用波动方程进行分析。在单泵浦光学参量过程中,忽略光纤损耗,泵浦波复矢量 $\boldsymbol{A}_1$、探测波复矢量 $\boldsymbol{A}_2$、闲频波复矢量 $\boldsymbol{A}_3$ 满足:

$$-\mathrm{i}\frac{\mathrm{d}\boldsymbol{A}_1}{\mathrm{d}Z} = |\boldsymbol{A}_1|^2\boldsymbol{A}_1 + 2\sum_{k=3}^{4}|\boldsymbol{A}_k|^2\boldsymbol{A}_1 + 2\boldsymbol{A}_3\boldsymbol{A}_4\boldsymbol{A}_1^*\mathrm{e}^{\mathrm{i}\Delta\beta Z/\gamma} \tag{8-6}$$

$$-\mathrm{i}\frac{\mathrm{d}\boldsymbol{A}_l}{\mathrm{d}Z} = |\boldsymbol{A}_l|^2\boldsymbol{A}_l + 2\sum_{j\neq l=1}^{4}|\boldsymbol{A}_j|^2\boldsymbol{A}_l + (\boldsymbol{A}_1)^2\boldsymbol{A}_k^2\mathrm{e}^{\mathrm{i}\Delta\beta Z/\gamma} \tag{8-7}$$

$$Z=\gamma z, \quad l=3,4, \quad k=7-l, \quad \Delta\beta=\beta_3+\beta_4-2\beta_1 \tag{8-8}$$

其中:z 为光纤长度,β_1、β_3、β_4 分别对应泵浦波、探测波和闲频波的线性相位失配。

各向同性光纤中所有的光波在参与 FWM 时保持各自偏振态。这种情况,探测光和闲频光之间的偏振关系和泵浦光之间的偏振关系相同。对于单泵浦光学参量放大,探测光与闲频光偏振相同。

光学参量放大过程中,包括相位无关放大和相敏放大两种。闲频光初始注入功率为 0 时,初始输入的泵浦光和探测光相位不会影响探测光参量增益,实现相位无关的光学参量放大。当闲频光初始注入功率不为 0 时,光学参量过程就会具有相敏放大特性,在脉冲整形、光纤损耗和色散补偿中都可以应用。

相位无关的光学参量放大,探测光增加的功率 x 与闲频光产生的功率相同,与光纤长度之间的关系满足

$$\frac{\mathrm{d}x}{\mathrm{d}Z} = 2\sqrt{h(x)} \tag{8-9}$$

$$h(x) = x (P_{10} - 2x)^2 (4b^2 P_{30} + C_0^2 x) \tag{8-10}$$

其中 P_{10}、P_{30} 为泵浦光、探测光初始输入功率。

光学参量过程是一个很复杂的过程,目前对光学参量增益的理论研究根据使用条件不同分为以下两种:小信号理论增益和完全泵浦消耗理论增益。

小信号理论。当光学参量过程中泵浦光功率远大于探测光和闲频光功率时,泵浦光功率在参量过程中因功率转化造成的消耗忽略不计。假设泵浦光功率在光学参量过程中始终保持不变,忽略由信号光和闲频光产生的 XPM 和 FWM。

$$-\mathrm{i}\frac{\mathrm{d}\boldsymbol{A}_1}{\mathrm{d}Z} = \mathrm{i}\gamma P_1 \boldsymbol{A}_1 \tag{8-11}$$

$$\frac{\mathrm{d}\boldsymbol{A}_k}{\mathrm{d}Z} = \mathrm{i}P_k \boldsymbol{A}_k + \mathrm{i}r_k \boldsymbol{A}_l^* \exp\mathrm{i}(2P_1 - \Delta\beta)z$$

$$k = 3, 4, \quad l = 7 - k, \quad P_k = 2\gamma P_1, \quad r_k = \gamma [\boldsymbol{A}_1(0)]^2, \quad \Delta\beta = \beta_3 + \beta_4 - 2\beta_1 \tag{8-12}$$

闲频光初始注入功率为 0 时,闲频光、探测光增益为

$$G_{\mathrm{i}} = \left|\frac{\gamma P_0}{g}\sinh(gL)\right|^2, \quad G_{\mathrm{pr}} = G_{\mathrm{i}} + 1 = \left|\frac{\gamma P_0}{g}\sinh(gL)\right|^2 + 1 \tag{8-13}$$

$$g^2 = -\frac{\Delta\beta}{4}(\Delta\beta + 4\gamma P) \tag{8-14}$$

泵浦波和探测波波长接近时,$\Delta\beta \approx 0$

$$G_{\mathrm{i}} = (\gamma P_{\mathrm{p}} L)2$$
$$G_{\mathrm{pr}} = 1 + (\gamma P_{\mathrm{p}} L)2 \tag{8-15}$$

完全泵浦消耗理论。假设注入光纤中的泵浦光功率可以完全转换到探测光和闲频光的频率上。该条件下,公式中 $C_0 = 7/4, b = 1, h(x) = 0$ 的 4 个根分别为

$$\eta_1 = -16P_{30}/7, \quad \eta_2 = 0, \quad \eta_3 = P_{10}/2, \quad \eta_4 = P_{10}/2 \tag{8-16}$$

可运用条件 $\Delta\beta = \gamma(P_{30} - P_{10}/2)$ 实现光学参量的完全相位匹配,使泵浦光在最短光纤长度上完全转化,得到

$$x(z) = \eta_1 + (\eta_2 - \eta_1)\left[1 - (\eta_3 - \eta_2)/(\eta_3 - \eta_1)\tanh^2\left(\frac{z}{z_c}\right)\right]^{-1} \tag{8-17}$$

$$z_c^{-1} = \gamma C_0 [(\eta_3 - \eta_1)(\eta_4 - \eta_2)]^{1/2} \tag{8-18}$$

闲频光和探测光的增益分别为

$$G_{\mathrm{i}} = \frac{x(z)}{P_{30}}$$

$$G_{\mathrm{pr}} = \frac{P_{30} + x(z)}{P_{30}} \tag{8-19}$$

两种理论分别是对光学参量过程初始阶段和最终状态的理想化描述。实际情况是,泵浦光注入 HNLF 中,此时泵浦光功率远大于探测光功率,探测光的增益会按照小信号增益理论,呈现指数增长状态;随着探测光功率逐渐增大,泵浦光消耗不能被忽略,这时转为泵浦完全消耗理论进行分析,增益进入增益饱和阶段。HNLF 的 FWM 效应因为具有这样的增益饱和效应,才能通过泵浦光注入光纤中调节探测光的幅度。

8.3 基于 HNLF 的噪声抑制系统

利用 VPI 仿真实现具有噪声抑制功能的二阶再生系统,其结构如图 8-1 所示。该二阶再生系统由第一阶再生模块和第二阶再生模块构成[4]。每一阶再生模块都由激光器、复用器、HNLF 和放大器四部分组成。

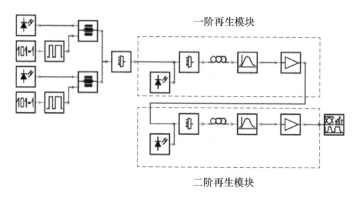

图 8-1　噪声抑制结构

HNLF 的高非线性效应可以改变再生器的输入和输出信号的功率转移曲线,即具有整形功能,从而达到全光整形作用。功率转移曲线的理想状态为阶跃形曲线,但日常功率转移曲线更常见的是 S 形。一阶再生系统的功率转移曲线只能做到 S 形,如图 8-2 所示。通过级联方式的二阶再生模块可以做到近似于阶跃形的功率转移曲线。

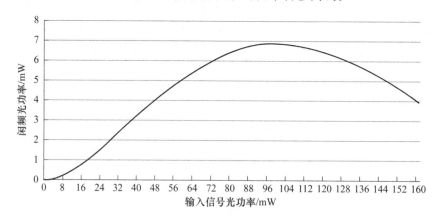

图 8-2　一阶再生系统功率转移曲线

如图 8-3 所示,在二阶再生系统功率转移曲线中,A、B、C 3 段可以认为是功率传递函数在输入信号功率轴上分别对应的 3 段输入光功率;纵坐标对应的 3 段输出光功率分别为 D、E、F。横坐标的 A、C 两段区域在功率传递函数中分别与空号和传号的功率以及其上的噪声对应。因此,从传递函数的角度来看,$D/A<1$、$E/B>1$ 且 $F/C<1$ 的条件是能够实现信号整形的基本要求的。$D/A<1$、$F/C<1$ 能够保证空号和传号上的噪声得到压缩,而 $E/B>1$ 则保证了信号不被压缩,能够降低信号的误码率,提高信号的消光比,传号和空号区分得越开在眼图分析仪上看就是眼图张开得越明显,当区域 A、C(即图 8-3 中 A 和 C 表示的功率范围)越宽时,可以压缩的噪声范围便越大。所以,功率传递函数要求 $D/A<1$、$F/C<1$,且越小越好,$E/B>1$,且越大越好,这是一个优质的全光幅度整形系统需要的必要条件。由图 8-3 可以看出,二阶再生系统比一阶再生系统更符合全光幅度整形系统的条件,即平坦区域更大,更接近于阶跃形曲线。

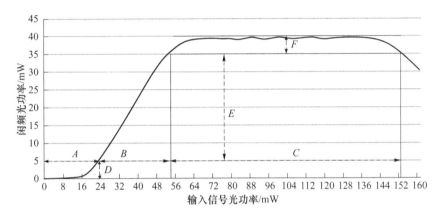

图 8-3　二阶再生系统功率转移曲线

基于 HNLF 的二阶噪声抑制结构和功率传递曲线如图 8-4 所示。噪声抑制结构主要使用 HNLF 和滤波器将输入功率和输出功率之间的关系转换成近似阶跃形函数的关系。一阶噪声抑制结构的功率转移曲线类似于图 8-4(b)或图 8-4(c)所示,平坦区域非常短,并且噪声抑制效果较差。二阶噪声抑制结构的功率传递曲线更类似于阶跃形曲线。首先,通过 FWM,当输入功率在较大范围内的 C 和 D 之间时,输出功率为 $A-B$,然后将输出用作图 8-4(c)曲线中的输入。最后,获得如图 8-4(d)所示的效果。因为 $L_2 \gg L_1$,所以这大大拓宽了平坦区域的长度,并且很容易将输出功率限制在一定范围内。该曲线具有足够长的平坦区域,并且噪声抑制效果优于一阶。首先,输入信号光和泵浦光(P_1)被引入一阶 HNLF 中经历第 1 个 FWM 效应,产生一段近似 S 形的功率转移曲线。接下来,使用一阶的滤波器 BPF1 以期望的频率对信号进行滤波。将来自滤波器 BPF1 中过滤所得的信号与另一段泵浦光一起,通过多路复用器进行组合,并传输到二阶 HNLF 中经历第 2 个 FWM 效应。最后,通过二阶滤波器对结果进行滤波,以提取期望的信号。

由于噪声,传输系统中信号的符号"0"和符号"1"的振幅值将像图 8-5 中的输入信号(虚线)一样波动。若噪声过大,则符号"0"的波动振幅可能在某一时刻接近符号 1 的波动振幅。这将导致匹配系统将逻辑"0"误判为逻辑"1",或将逻辑"1"误判为逻辑"0"。需要使用噪声抑制结构来将误判的信号恢复为正确的信号。具体恢复原理如下。通过噪声抑制结构,调整信号功率的输入输出关系。噪声抑制过程如图 8-5 所示，当输入信号的功率处于 $A\sim B$ 范围内时，输出功率的信号可以被抑制到接近 0 mW。当输入信号的功率在 $B\sim C$ 范围内时，输出信号的功率会恒定输出为某一固定功率 D，D 的大小是可以根据需要进行手动设置的。最终，经噪声抑制结构的输出信号如图 8-5 中输出信号（细线）所示。可以看到，经过噪声抑制之后信号的噪声波动会得到极大的修正。最终实现较为理想的"01"阶跃信号输出。理想情况下噪声抑制结构的 BC 段越长，噪声抑制效果会越好。在最理想的情况下，噪声抑制结构的传输曲线的 BC 段长度近似无限，AB 段长度等于判决门限的幅度值。

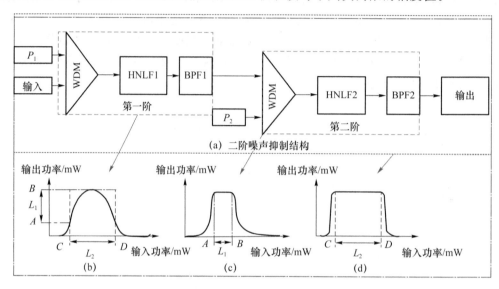

图 8-4　噪声抑制结构和功率传递曲线

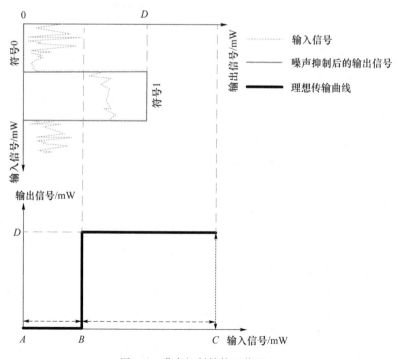

图 8-5　噪声抑制结构工作原理

8.4 各类噪声对 OOK 全光序列匹配系统的影响

从图 8-6(a)中可以看出,在无噪声的理想情况下,当输入 OOK 信号数据为{1,1,0,1,0,1,0,0,1,1,0,1,0,0},目标数据为{0,1,0,1,0,1,0,0}时,通过 OOK 匹配系统可以在第 8 帧的第 10 位获得逻辑"1",这意味着只有一组数据{1,1,0,1,0,1,0,1,0,0,1,1,0,1,0,0}具有与目标数据 B 相同的序列,并且同一数据的最后一位在数据{1,1,0,1,0,1,0,1,0,0,1,1,0,1,0,0}中的第 10 位。

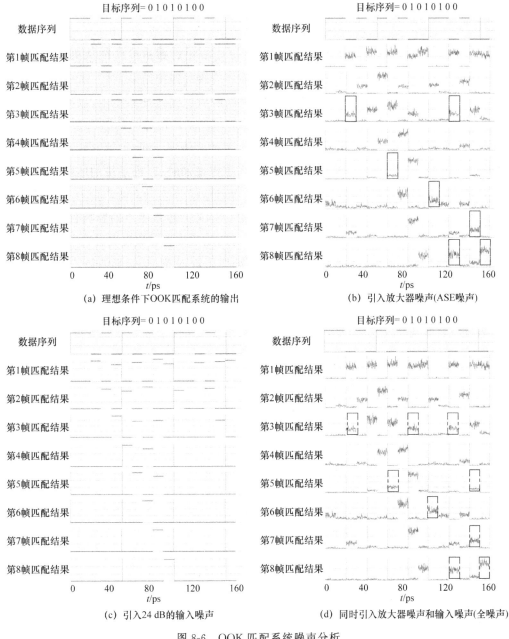

图 8-6 OOK 匹配系统噪声分析

带有 ASE 噪声的 OOK 匹配系统的输出(放大器噪声系数为 4 dB)如图 8-6(b)所示。受放大器噪声的影响,每个逻辑的幅度值波动很大。在第 2 帧,多个逻辑"1"的幅度值开始大幅波动。在第 3 帧的结果中存在明显的决策错误。第 3 和第 13 位的逻辑"0"幅度值太大,接近逻辑"1"。虽然系统在第 4 帧中得到了正确的匹配结果,但这是因为 XNOR 门在第 4 帧输出的结果与前一帧的匹配结果在进行与逻辑时消除了逻辑误判。每个后续帧的结果中都出现了逻辑错误。因此,在放大器噪声的影响下,OOK 匹配系统很难获得正确的匹配结果。

图 8-6(c)所示为在输入 OSNR 中具有 24 dB 的输入噪声的 OOK 匹配系统的输出。可以看到,在只有输入噪声的情况下,每个逻辑的幅度值是稳定的。这是因为匹配系统中包含的滤波器本身对输入噪声进行滤波,从而减少了噪声对系统的影响。因此,每帧的逻辑"1"和逻辑"0"与理想结果相比变化不大。最后,可以获得相对理想的匹配结果。然而,随着 OSNR 的增加,匹配效果会逐渐恶化,最终无法获得合理的匹配结果。

如图 8-6(d)所示,将放大器噪声和输入噪声同时添加到匹配系统中,以获得最终的匹配结果。从图中可以看出,当上述两种噪声在系统中时,对匹配结果的影响变得更大了。除了第 3 帧的第 3 位和第 13 位,在第 9 帧中还发生了逻辑错误。同时,第 5 帧和第 8 帧的匹配结果也有更多的逻辑误判。因此,可以看到,当噪声增加时,匹配系统的匹配误差进一步加剧。

从以上情况可以看出,OOK 匹配系统本身受 OSNR 的输入噪声的影响较小,因为系统本身的滤波器可以滤除一些噪声,而放大器噪声对匹配系统的影响较大。噪声系数(NF)为 4 dB 的放大器噪声将在匹配系统的第 3 帧的匹配中引起误差,从而影响最终的匹配结果。对于匹配系统,只有系统中的低功率输入噪声才会受到较小的影响。此时,系统可以在不考虑噪声抑制结构的情况下完成匹配。然而,当输入噪声功率增加并且系统中存在放大器噪声时,匹配系统本身将无法完成匹配工作。此时,需要添加抑制放大器噪声和过量的输入噪声的噪声抑制结构。

8.5　具有噪声抑制功能的 OOK 全光序列匹配系统

8.5.1　系统介绍

图 8-7 所示的具有噪声抑制结构的 OOK 匹配系统以 100 Gbit/s 的传输速率运行。图 8-7 中的二阶噪声抑制结构的功率传递曲线与梯形曲线相似。当输入功率在 20～30 mW 之间时,可以稳定输出功率为 40 mW 的信号光。如果信号功率小于 10 mW 或大于 40 mW,输出功率将迅速降至 0 mW。因此,受 0～10 mW 的噪声影响的逻辑"0"的幅度可以被抑制到 0 mW。而受 20～30 mW 噪声影响的逻辑"1"的幅度则可以被限制到 40 mW。

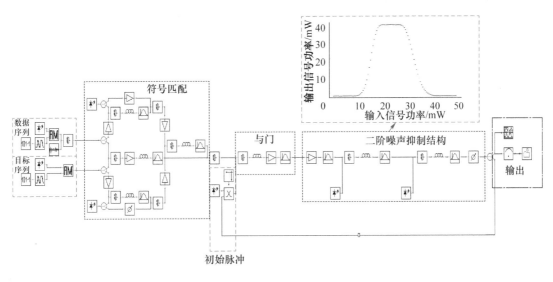

图 8-7 具有噪声抑制结构的 OOK 匹配系统仿真结构

8.5.2 仿真结果与数据分析

通过比较未进行噪声抑制的匹配结果和进行噪声抑制后的匹配结果,验证噪声抑制结构的有效性。从图 8-8(a)可以看出,在理想情况下,当输入 OOK 信号数据序列 A 为$\{1,1,0,1,0,1,0,1,0,0,1,1,0,1,0,0\}$,目标序列 B 为$\{0,1,0,1,0,1,0,0\}$时,通过 OOK 匹配系统可以在第 8 帧的第 10 位获得逻辑"1"。这意味着数据 A 中只有一组数据序列与目标数据 B 相同,相同数据的最后一位在数据 A 的第 10 位。在此过程中,每帧的判断都是正确的。在图 8-8(b)中,将放大器噪声和匹配系统的输入噪声同时添加到系统中。从图中可以看出,当系统中存在噪声时,匹配结果开始出现逻辑误差。如图 8-8(c)所示,在 OOK 匹配系统中加入噪声抑制结构后,可以很好地消除放大器噪声和输入噪声对系统的影响。在每一帧的匹配结果中,符号"1"的幅度值几乎非常稳定,中间帧没有错误。最后,第 8 帧的第 10 位的匹配结果被成功判断为"1",这意味着匹配成功。与无噪声抑制结构相比,可以看到,每帧匹配符号"1"的幅度值更稳定,不存在多个符号"1"之间幅度不等的问题。不再存在符号"1"的振幅过低而被错误判断为"0"或符号"0"的振幅过高而被错误判定为"1",导致后续判断无效的情况。因此,通过比较添加噪声抑制前后的匹配结果,可以直观地看到噪声抑制结构的有效性。

为了进一步评估噪声抑制结构对匹配系统的有效性,比较了应用噪声抑制前后匹配结果的 ER 和 CR。这里,ER 和 CR 的定义分别如式(8-20)和式(8-21)所示。ER 和 CR 越高,逻辑"1"和逻辑"0"之间的区别就越明显,系统识别不容易出错。在理想情况下,系统输出的 ER 和 CR 是无限的。然而,在实际场景中,结果将受到噪声的影响。逐渐改变输入信号的 OSNR,从 30 dB 到 0 dB。以这种方式,输入信号从高质量信号逐渐衰减为低质量信号。同时,EDFA 的噪声系数(NF)被设置为 4 dB。输入信号和目标信号的数据与 8.4 节中使用的数据相同。也就是说,当 OOK 匹配系统中的输入信号是 16 个符号的输入数据并且匹配信号是 8 个目标符号时,比较最后一帧的匹配结果以进行评估。

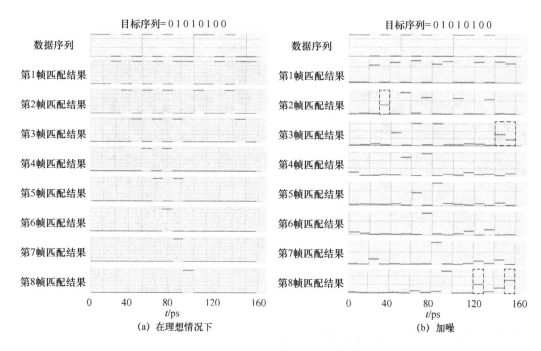

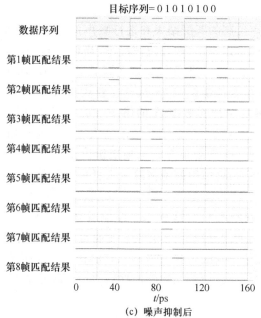

图 8-8　OOK 匹配系统的输出

$$ER(dB) = 10\log\left(\frac{P_{\min}^1}{P_{\max}^0}\right) \qquad (8\text{-}20)$$

$$CR(dB) = 10\log\left(\frac{P_{\text{mean}}^1}{P_{\text{mean}}^0}\right) \qquad (8\text{-}21)$$

从图 8-9 可以看出,当匹配系统中没有噪声抑制结构时,ER 值总是低于 10,CR 值总是不高于 17,并且 ER 和 CR 都随着 OSNR 的降低而显著降低。当输入 OSNR 约为 5 dB 时,

ER 的最终输出为 0 dB,这意味着最低逻辑"1"和最高逻辑"0"的幂相等,即匹配系统无法正确识别输入数据的目标。

在匹配系统中加入噪声抑制结构后,OOK 匹配系统的 ER 和 CR 有了很大的提高。在 30~20 dB 的 OSNR 范围内,ER 和 CR 值分别超过 55 dB 和 70 dB。然而,由于噪声抑制结构的噪声抑制功率范围有限,所以在 OSNR 变化到 20 dB 后,抑制效果会迅速恶化。由于功率传递曲线的平坦区域是有限的,所以当噪声引起的符号功率波动超过可以抑制的功率范围时,噪声抑制结构将不能有效地抑制噪声。

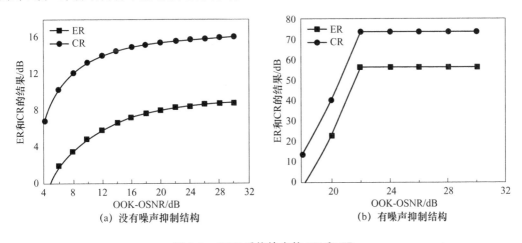

(a) 没有噪声抑制结构   (b) 有噪声抑制结构

图 8-9　OOK 系统输出的 ER 和 CR

8.6　各类噪声对 BPSK 全光序列匹配系统的影响

数据信号为{1,1,0,1,0,1,0,1,0,0,1,1,0,1,0,0},目标序列为{1,1,0,1,0,1,0,1},将经过循环后的数据信号和经过延迟后的目标信号进入耦合器。EDFA 的作用是调整信号的幅度,适用于后续的循环匹配,避免因幅度不匹配导致信号在后续的处理过程中被放大或缩小的情况。EDFA 的输出进入与逻辑门,对于数据信号的第 1 个周期和目标信号的第 1 位,与门的另一个输入为在光开关选择下的全"1"信号。已知数据信号长度为 16 bit,所以光开关在前 8 位对应选择 CW 激光器产生的全"1"信号,之后切换到经过延迟线的信号。与门的输出需要经过波长变换,以便重新作为与门的输入信号。波长转换的原理和与逻辑门的原理相同,均利用 HNLF 的 FWM 效应实现,两者具有相同的结构,当该结构作为与逻辑门使用时,HNLF 的两路输入信号为频率不同的数据信号;当该结构作为波长转换器使用时,HNLF 的两束输入信号为需要经过波长变换的信号和泵浦信号,其中泵浦信号的数据为全"1",频率利用 FWM 效应之间的频率关系计算得到,例如待转换信号的频率为 193.1 THz,目标频率为 193.4 THz,则泵浦信号的频率为 192.8 THz。然后波长转换器的输出经过长度为 9 bit〔数据序列一个周期长度为 8 bit,需要延迟(8+1)bit〕的延迟线,继续与数据信号与下一位目标信号的匹配结果相与,直至完成与目标序列最后一位的匹配,进而得到整段目标序列与数据序列的匹配结果。如图 8-10 所示,BPSK 匹配系统可以在第 8 帧的第 8 位获得逻辑"1",即在数据信号中成功匹配到目标序列第 8 位。

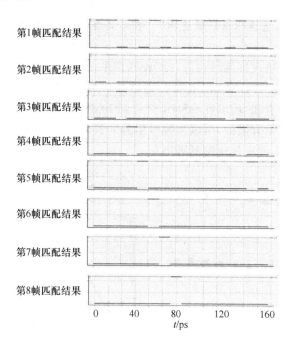

图 8-10　理想情况下 BPSK 匹配系统的匹配结果

　　由图 8-11 可知,将噪声加入 BPSK 匹配系统中。可以看到,由于 BPSK 前置的匹配结构较为简单,只需要使用一个耦合器通过相位干涉的原理就实现了与门的操作,所以受到的噪声影响较小。但每一帧的输出仍旧会因为噪声而产生幅度值波动。虽然 BPSK 匹配系统在 16 位字符匹配 8 位字符时仍旧可以匹配出对应字符,但受噪声影响,每一帧的匹配位数上的符号"1"的幅度都在不断衰减,当匹配更长字符时就有可能出现匹配出错的情况。

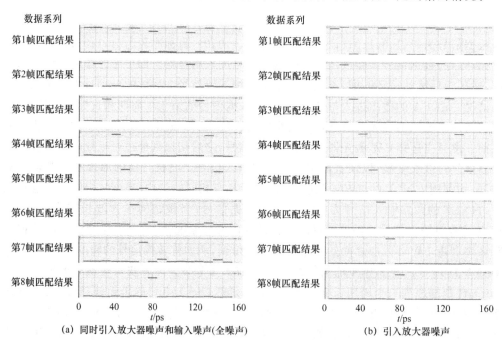

(a) 同时引入放大器噪声和输入噪声(全噪声)　　　　(b) 引入放大器噪声

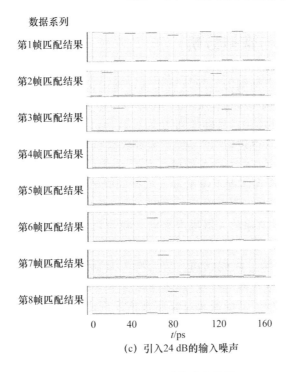

数据系列

第1帧匹配结果

第2帧匹配结果

第3帧匹配结果

第4帧匹配结果

第5帧匹配结果

第6帧匹配结果

第7帧匹配结果

第8帧匹配结果

(c) 引入24 dB的输入噪声

图 8-11　BPSK 匹配系统噪声分析

8.7　具有噪声抑制功能的 BPSK 全光序列匹配系统

8.7.1　系统介绍

BPSK 调制格式的匹配系统中的噪声抑制问题和 OOK 调制格式的匹配系统一样,因此在循环结构中加入基于 HNLF 的二阶级联噪声抑制结构解决问题,如图 8-12 所示。因为基于 FWM 的噪声抑制结构本身就具有波长转换功能,所以原本波长转换阶段可以直接省略。但由于信号经过耦合器之后经过第 1 个 HNLF 进行了波长转换,BPSK 信号在经过噪声抑制结构之前的信号频率和 OOK 不同,不再是 OOK 匹配系统的中心频率为 129.5 THz 的信号,而变成中心频率为 129.8 THz 的信号。

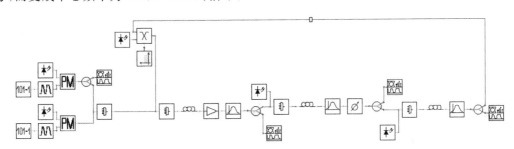

图 8-12　BPSK 噪声抑制结构

8.7.2 仿真结果与数据分析

通过比较未进行噪声抑制的匹配结果和进行噪声抑制后的匹配结果,验证噪声抑制结构的有效性。从图 8-10 可以看出,在理想情况下,当输入 BPSK 信号数据序列 A 为$\{1,1,0,1,0,1,0,1,0,0,1,1,0,1,0,0\}$,目标序列 B 为$\{1,1,0,1,0,1,0,1\}$时,通过 BPSK 匹配系统可以在第 8 帧的第 8 位获得逻辑"1"。这意味着数据 A 中只有一组数据序列与目标数据 B 相同,相同数据的最后一位在数据 A 的第 8 位。在此过程中,每帧的判断都是正确的。在图 8-11 中,将放大器噪声和匹配系统的输入噪声同时添加到系统中,可以看出,当系统中存在噪声时,匹配结果开始出现逻辑误差。从图 8-13 可以看出,在 OOK 匹配系统中加入噪声抑制结构后,可以很好地消除放大器噪声和输入噪声对系统的影响。在每一帧的匹配结果中,符号"1"的幅度值几乎非常稳定。中间帧没有错误。最后,第 8 帧的第 10 位的匹配结果被成功判断为"1",这意味着匹配成功。与无噪声抑制结构相比,可以看到,每帧匹配符号"1"的幅度值更稳定,不存在多个符号"1"之间幅度不等的问题。不存在符号"1"的振幅过低而被错误判断为"0"或符号"0"的振幅过高而被错误判定为"1",导致后续判断无效的情况。因此,通过比较添加噪声抑制前后的匹配结果,可以直观地看到噪声抑制结构的有效性。

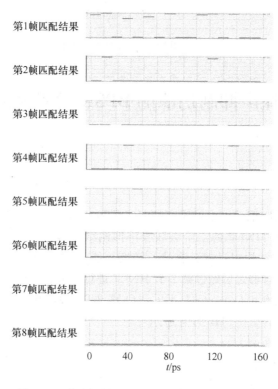

图 8-13 噪声抑制后 BPSK 匹配系统的匹配结果

在匹配系统中加入噪声抑制结构后,BPSK 匹配系统的 ER 和 CR 相比纯噪声条件下也有了很大的提高。从图 8-14 中可以看出,在 $30\sim20$ dB 的 OSNR 范围内,ER 和 CR 值稳定在一个客观的数值,分别为 64 dB 和 31 dB,相比有噪声情况下 ER 最高不到 8 dB,CR 最高 17 dB 左右有了很大幅度的提升。然而,由于噪声抑制结构的抑制功率范围有限,所以在噪声环境恶劣到一定条件下,比如在 OSNR 变化到 20 dB 后,抑制效果会迅速恶化。由于功率传递曲线的平坦区域是有限的,所以当噪声引起的符号功率波动超过可以抑制的功率范围时,噪声抑制结构将不能有效地抑制噪声。

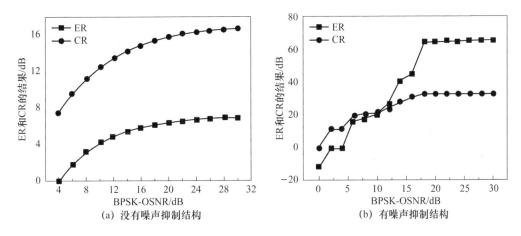

(a) 没有噪声抑制结构   (b) 有噪声抑制结构

图 8-14　BPSK 系统输出的 ER 和 CR

8.8　各类噪声对 QPSK 全光序列匹配系统的影响

图 8-15 显示了 QPSK 匹配系统的输出结果。当其输入数据序列为 $A=\{\pi,\pi,\pi,3\pi/2, 0,\pi/2,3\pi/2,\pi,0,\pi/2,3\pi/2,\pi,3\pi/2,\pi,3\pi/2,\pi\}$,目标序列为 $B=\{\pi,\pi,\pi,3\pi/2,0,\pi/2, 3\pi/2,\pi,0\}$ 时。图 8-15 中的第 1 帧图像显示了目标序列的第 1 位在数据序列中的位置。第 2 帧图像显示了目标序列前两位数据在数据序列中的相对应的位置。以此类推,第 8 帧显示了目标序列最后一位数据在数据序列中的相对应的位置。由此得到 8 位目标序列从数据序列第 1 位开始到第 8 位结束。

图 8-16(a)所示为在输入 OSNR 中具有 24 dB 的输入噪声的 QPSK 匹配系统的输出。可以看到,在只有输入噪声的情况下,每个逻辑的幅度值是稳定的。这是因为匹配系统中包含的滤波器本身对输入噪声进行滤波,从而减少了噪声对系统的影响。因此,每帧的逻辑"1"和逻辑"0"与理想结果相比变化不大。最后,可以获得相对理想的匹配结果。然而,随着 OSNR 的增加,匹配效果会逐渐恶化,最终将无法获得合理的匹配结果。

引入放大器噪声的 QPSK 匹配系统的输出如图 8-16(b)所示,受放大器噪声的影响,每个逻辑的幅度值波动很大。在第 1 帧中就可以看出,逻辑"1"和"0"的幅度值受噪声影响开始大幅波动。在第 2 帧中,本应出现在第 2 位的逻辑"1"的幅度值小于理想情况下的 6 mW,而第 7 位的逻辑"0"受噪声影响幅度值变大和第 2 位的逻辑"1"幅度值接近。虽然系统在后续的判决中得到了正确的匹配结果,但这是因为 XNOR 门在第 2 帧输出的结果与前一帧的匹配结果在进行与逻辑时消除了逻辑误判。因此,在放大器噪声的影响下,QPSK 匹配系统很容易有匹配出错的情况出现。

将放大器噪声和输入噪声同时添加到匹配系统中,以获得最终的匹配结果,如图 8-16(c)所示。当上述两种噪声在系统中时,第 1 帧中逻辑"1"和"0"的幅度值受噪声影响开始大幅波动,并在后续的判决中持续影响,最终导致匹配出错。

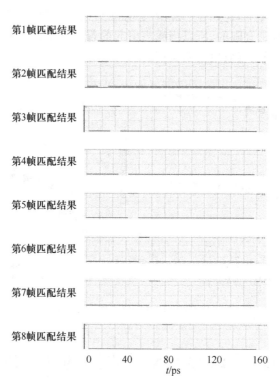

第1帧匹配结果

第2帧匹配结果

第3帧匹配结果

第4帧匹配结果

第5帧匹配结果

第6帧匹配结果

第7帧匹配结果

第8帧匹配结果

图 8-15　理想情况下 QPSK 匹配系统的匹配结果

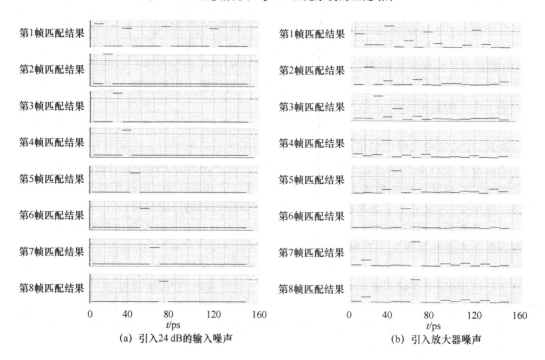

（a）引入24 dB的输入噪声　　　　　　　　（b）引入放大器噪声

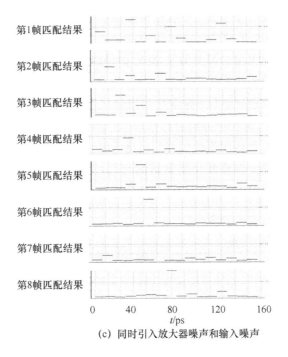

第1帧匹配结果

第2帧匹配结果

第3帧匹配结果

第4帧匹配结果

第5帧匹配结果

第6帧匹配结果

第7帧匹配结果

第8帧匹配结果

t/ps

(c) 同时引入放大器噪声和输入噪声

图 8-16　QPSK 匹配系统噪声分析

从以上情况可以看出,QPSK 匹配系统本身受 OSNR 的输入噪声的影响较小,因为系统本身的滤波器可以滤除一些噪声,而放大器噪声对匹配系统的影响较大。放大器噪声将在匹配系统中引起误差,从而影响最终的匹配结果。对于匹配系统,只有系统中的低功率输入噪声才会受到较小的影响。此时,系统可以在不考虑噪声抑制结构的情况下完成匹配。然而,当输入噪声功率增加并且系统中存在放大器噪声时,匹配系统本身将无法完成匹配工作。此时,有必要向系统添加噪声抑制结构。噪声抑制结构主要抑制放大器噪声和过量的输入噪声。

8.9　具有噪声抑制功能的 QPSK 全光序列匹配系统

8.9.1　系统介绍

图 8-17 所示为具有噪声抑制功能的 QPSK 全光序列匹配系统的原理图。针对 QPSK 的相位压缩后的多阶与门使用了优化结构,比普通的 QPSK 调制格式的匹配系统直接添加噪声抑制结构节省了器件放大器等光器件的使用,在节省了器件成本的同时,也加强了系统自身的抗噪性能。调制格式的改变使 QPSK 的噪声抑制相比于简单的 OOK 和 BPSK 调制格式的匹配系统有所不同。由于 OOK 只需要简单的异或操作之后就可以加入循环结构中进行循环匹配,所以在前置匹配阶段积累的噪声相对较少,对整个匹配系统的影响较小。所

以在 OOK 调制格式的匹配系统中,可以将噪声抑制结构放入循环结构中进行噪声抑制。而在 QPSK 匹配系统中,由于相位压缩过程中就会产生无用的幅度信号,以往使用多阶与门[5-6]进行相与操作,去除无用的幅度信号,此时如果因为输入端噪声或器件噪声的影响,将更容易出现将无用信号错判为实际信号的情况。为此将噪声抑制结构放置在整体系统的前置匹配阶段,同时噪声抑制结构可以整体替代相位压缩后的与门,节省 QPSK 匹配系统的器件。图 8-18 所示为将二阶噪声抑制结构放入 QPSK 匹配系统中所形成的最终结构。输入信号和匹配信号经过符号匹配模块和与门后送入噪声抑制结构,得到第 1 帧的匹配结果。然后通过循环延迟环将第 1 帧匹配结果发送到与门,并在噪声抑制之前与匹配模块的第 2 帧匹配结果进行匹配。通过 8 个循环获得最终匹配结果。

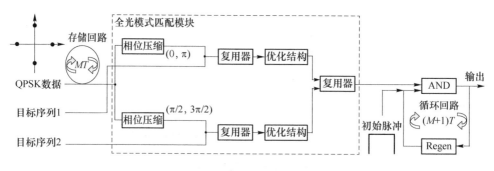

图 8-17　QPSK 噪声抑制原理

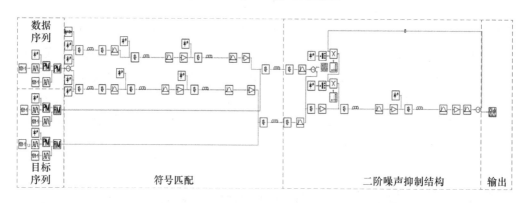

图 8-18　具有噪声抑制结构的 QPSK 匹配系统的仿真结构

8.9.2　仿真结果与数据分析

从图 8-19 可以看出,在 QPSK 匹配系统中加入噪声抑制结构后,可以很好地消除放大器噪声和输入噪声对系统的影响。在第 1 帧的匹配结果中,符号"1"的幅度值被稳定地限制在某个值。中间帧的匹配比特符号也被成功地确定为符号"1"。最后,第 8 帧的第 10 位的匹配结果被成功判断为"1",这意味着匹配成功。与无噪声抑制结构相比,可以看到,每帧匹配符号"1"的幅度值更稳定,不存在多个符号"1"之间幅度不等的问题。不再存在符号"1"的幅度过低而被错误判断为"0",导致后续判断无效的情况。因此,通过比较添加噪声抑制前后的匹配结果,可以直观地看到噪声抑制结构的有效性。

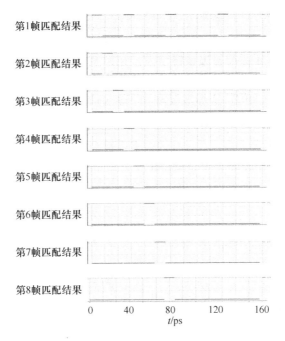

图 8-19 噪声抑制后 QPSK 匹配系统的匹配结果

在匹配系统中加入噪声抑制结构后,QPSK 匹配系统的 ER 和 CR 有了很大的提高。如图 8-20 所示,在 30～20 dB 的 OSNR 范围内,ER 和 CR 值分别稳定在 61 dB 和 30 dB。然而,由于噪声抑制结构的抑制功率范围有限,所以在 OSNR 变化到 20 dB 后,抑制效果会迅速恶化。由于功率传递曲线的平坦区域是有限的,所以当噪声引起的符号功率波动超过可以抑制的功率范围时,噪声抑制结构将不能有效地抑制噪声。

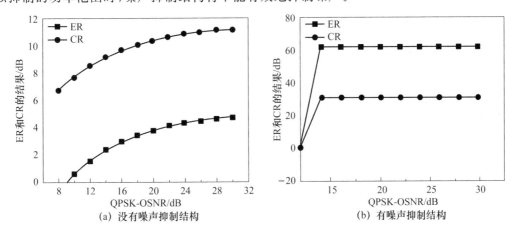

图 8-20 QPSK 系统输出的 ER 和 CR

8.10 各类噪声对 8PSK 全光序列匹配系统的影响

将 8PSK 信号光的相位设为 $\{5\pi/4,3\pi/2,0,\pi/2,\pi,\pi/4,3\pi/4,7\pi/4,5\pi/4,3\pi/2,0,\pi/2, \pi,7\pi/4,\pi/4,3\pi/4\}$,信号光中心频率为 193.1 THz,信号光每个符号功率为 0.5 mW。同样

中心频率为 193.1 THz, 符号功率为 0.5 mW 的目标序列的相位为 $\{5\pi/4, 3\pi/2, 0, \pi/2, \pi, \pi/4, 3\pi/4, 7\pi/4\}$。如图 8-21 所示, 在理想情况下会经历 8 轮循环匹配得出最终结果。在理想情况下, 会经历 8 轮循环匹配得出最终结果。在第 8 轮循环时, 第 8 位显示符号 "1", 表示匹配成功。由于 8PSK 匹配系统需要二阶噪声抑制才能将相位信息转换到幅度值上, 所需要的光器件相比于 QPSK 更多, 这导致受噪声因素的影响更大。除此之外, 相位压缩后会产生无用幅度信号, 受到噪声影响时无用幅度信号会产生幅度波动, 影响后续判断。

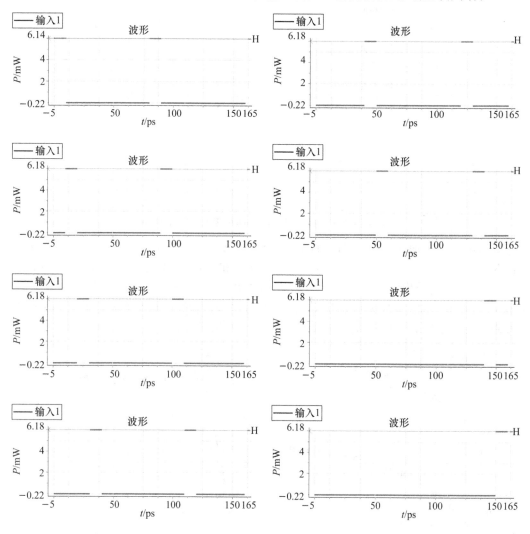

图 8-21　理想情况下 8PSK 匹配系统的匹配结果

图 8-22(a) 所示为在输入 OSNR 中具有 24 dB 的输入噪声的 8PSK 匹配系统的输出。可以看到, 由于 8PSK 的结构更加复杂, 噪声的影响相比于 QPSK 更大。图中第 1 帧就受到了噪声影响, 符号的幅度值波动很大。到第 3 帧时, 可以看到受噪声影响的匹配结果迅速恶化, 已无法得到有效的匹配结果, 这将导致最终无法获得合理的匹配结果。

引入放大器噪声的 8PSK 匹配系统的输出如图 8-22(b) 所示, 受放大器噪声的影响, 8PSK 匹配系统无法得到合理的匹配结果。在第 1 帧就可以看出, 逻辑 "1" 和 "0" 的幅度值受噪声影响开始大幅波动。而在第 2 帧时就出现了明显的匹配错误, 由于串联匹配系统的原理,第 2 帧的错误会向后延续导致最终匹配结果出错。

将放大器噪声和输入噪声同时添加到匹配系统中,以获得最终的匹配结果,如图 8-22(c)所示。从图中可以看出,当上述两种噪声在系统中时,第 1 帧的匹配结果中出现大幅偏离理想幅度值的情况,并在后续的判决中持续影响,最终导致匹配出错。

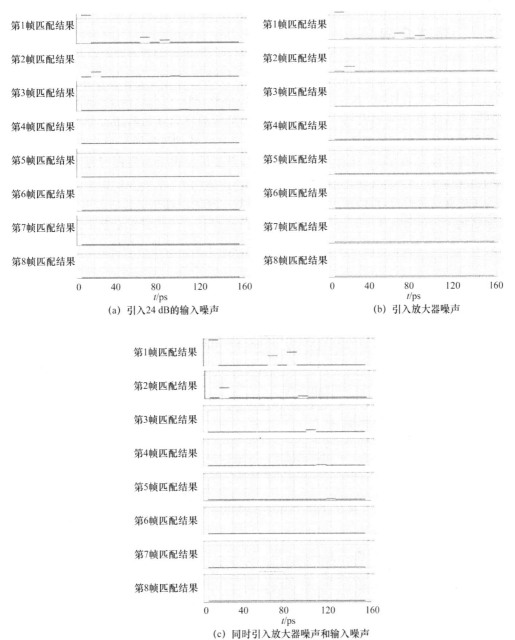

(a) 引入24 dB的输入噪声　　　　　(b) 引入放大器噪声

(c) 同时引入放大器噪声和输入噪声

图 8-22　8PSK 匹配系统噪声分析

从以上情况可以看出,8PSK 匹配系统由于二阶相位压缩的加入提高了系统的复杂性,对噪声的敏感度更高。放大器噪声和输入噪声都将在匹配系统的匹配中引起误差,从而影响最终的匹配结果。此时,有必要向系统添加噪声抑制结构以抑制放大器噪声和过量的输入噪声。

8.11　具有噪声抑制功能的 **8PSK** 全光序列匹配系统

8.11.1　系统介绍

图 8-23 和图 8-24 展示了 8PSK 匹配系统噪声抑制的原理。8PSK 匹配系统需要经过两次的二阶相位压缩将 8PSK 信号转换为 QPSK 信号,然后与上述基于 QPSK 信号的全光序列匹配系统类似,进一步将每一路包含 QPSK 信号的序列降为两路符号序列,其中每路符号序列中包含一对相位差为 π 的 BPSK 符号。16QAM 的高阶匹配格式的二阶相位压缩结构在最终阶段与 8PSK 一样都与 QPSK 一致,需要借助多阶与门进行相与操作,以去除无用的幅度信号。然而,在输入端噪声或器件噪声的影响下,容易将无用信号误判为实际信号。为了应对这种情况,可以将无用的幅度信号统一视为因噪声引起的无用信号,并采用噪声抑制结构进行信号过滤。相较于使用多阶与门进行相与操作时需要更多的器件,噪声抑制结构的二阶级联使用的器件更少,从而有效地降低了系统的复杂程度。

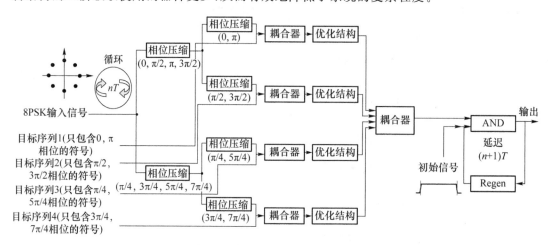

图 8-23　面向 8PSK 信号的全光序列匹配系统的结构原理

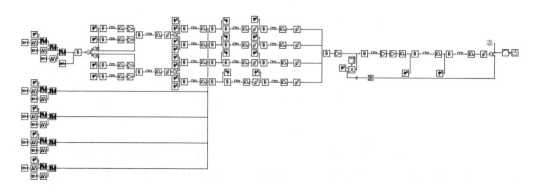

图 8-24　面向 8PSK 信号的全光序列匹配系统的仿真设置

8.11.2 仿真结果与数据分析

从图 8-25 可以观察到,在 8PSK 匹配系统中引入噪声抑制系统和相位压缩优化结构后,成功地消除了放大器噪声和输入噪声对系统的影响。在第 1 帧的匹配结果中,符号"1"的幅度值被稳定地限制在某个值。中间帧的匹配比特符号也被成功地确定为符号"1"。最后,第 8 帧的第 10 位的匹配结果被成功判断为"1",表明匹配成功。与无噪声抑制结构相比,每帧匹配符号"1"的幅度值更加稳定,不存在多个符号"1"之间幅度不等的问题。此外,不再出现符号"1"的幅度过低而被错误判断为"0",导致后续判断无效的情况。因此,通过比较添加噪声抑制前后的匹配结果,可以直观地看出噪声抑制结构的有效性。

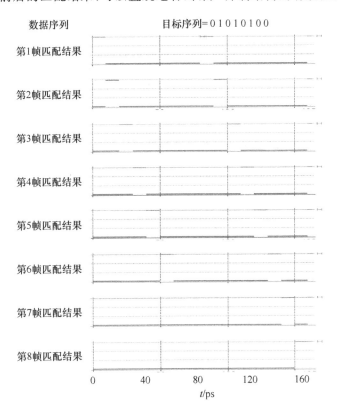

图 8-25 噪声抑制后 8PSK 匹配结果

从图 8-26 中可以看出,在匹配系统中加入噪声抑制结构后,8PSK 匹配系统的 ER 和 CR 有了很大的提高。没有噪声抑制结构时,ER 和 CR 会从 30 dB 的 OSNR 时开始衰落,但加入噪声抑制结构后在 30～28 dB 的 OSNR 范围内,ER 和 CR 值分别为 60 dB 和 30 dB,且十分稳定。然而,由于噪声抑制结构的噪声抑制功率范围有限,所以在 OSNR 变化到 26 dB 后,抑制效果会迅速恶化。由于功率传递曲线的平坦区域是有限的,所以当噪声引起的符号功率波动超过可以抑制的功率范围时,噪声抑制结构将不能有效地抑制噪声。

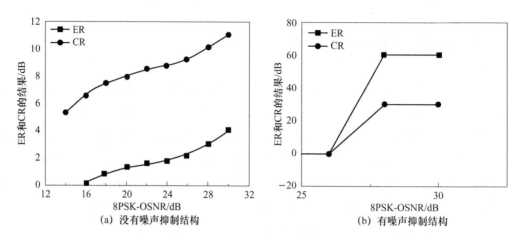

(a) 没有噪声抑制结构　　　　　　　　(b) 有噪声抑制结构

图 8-26　8PSK 系统输出的 ER 和 CR

8.12　各类噪声对 16QAM 全光序列匹配系统匹配位数的影响

图 8-27 给出了匹配系统的输出结果,其中第 1 帧高功率信号的位置在第 1 位,表明目标序列第 1 位 1100 在数据序列的第 1 位,观察输入信号可以看出匹配正确;第 2 帧的高功率信号的位置表示前两位在数据序列中的位置,即 1100、0110 在数据序列中的第 2 位;第 3 帧的高功率信号的位置表示前三位在数据序列中的位置,即 1100、0110、0000 在数据序列中的第 3 位;第 4 帧的高功率信号的位置表示目标序列在数据序列中的位置,即 1100、0110、0000、1001 在数据序列中的第 4 位。上述的目标序列在数据序列中的位置均指最后一位在数据序列对应的位置。综上所述,该系统实现了对 16QAM 信号的全光序列匹配功能。

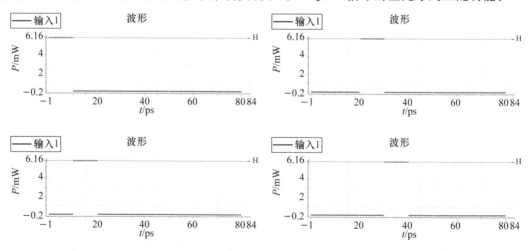

图 8-27　输出结果波形

根据图 8-28(a),在 16QAM 调制格式的匹配系统中,当输入噪声存在时,匹配结果受到了影响,特别是由于三阶相位压缩的限制,输入噪声对系统的影响更为显著。在 8 位数据序列匹配 4 位目标序列的短数据匹配中,第 1 帧就受到了噪声的影响。尽管第 1 位成功匹配,但是第 6 位和第 8 位的幅度值远远超过了第 1 位的幅度值,导致逻辑"0"的符号幅度值异常大。而到了第 2 帧,无法正确匹配到逻辑"1",即出现了匹配错误,从而影响了后续匹配的准确性。

图 8-28(b)为 16QAM 调制格式的匹配系统在仅加入放大器噪声的情况下的匹配结果,从图中可以看出放大器噪声对该系统的影响相比于 QPSK 和 8PSK 是增加了的。因为相位压缩的阶层提升会增加系统对于噪声的敏感度,所以对 QPSK 和 8PSK 影响相对较小的放大器噪声在 16QAM 的匹配结果中影响并没有降低。与引入输入噪声后的匹配结果近似,第 1 帧时就受到噪声的剧烈影响,出现逻辑"0"幅度值超过逻辑"1"的情况。后续也无法匹配出理想的匹配结果。

图 8-28(c)所示为 16QAM 调制格式的匹配系统在全噪声的情况下的匹配结果,从图中可以看到在全噪声的情况下,对该系统的影响相比于 QPSK 和 8PSK 而言是增加了的。因为相应压缩的阶层提升会增加系统对于噪声的敏感度。在输入噪声和放大器噪声的共同作用下,第 1 帧时便受到噪声的影响,出现逻辑"0"幅度值超过逻辑"1"的情况。后续也无法匹配出理想的匹配结果。

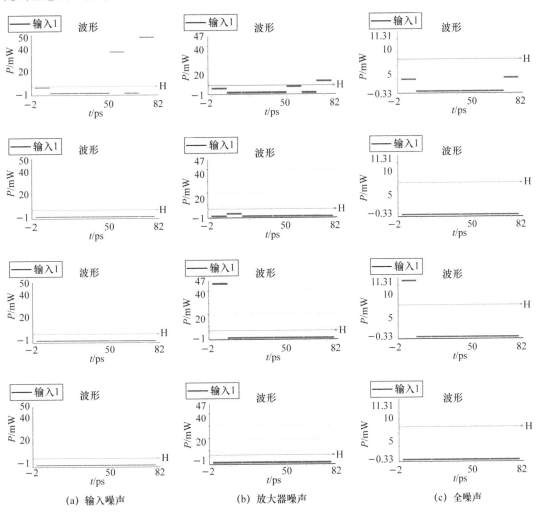

(a) 输入噪声   (b) 放大器噪声   (c) 全噪声

图 8-28   16QAM 信号的全光序列匹配系统的输出

8.12.1　系统介绍

图 8-29 和图 8-30 详细展示了 16QAM 匹配系统中噪声抑制的工作原理[7]。该系统需要经历 3 次不同的二阶相位压缩,将 16QAM 信号转换为 QPSK 信号,然后类似于基于 QPSK 信号的全光序列匹配系统,进一步将每一路包含 QPSK 信号的序列降为两路符号序

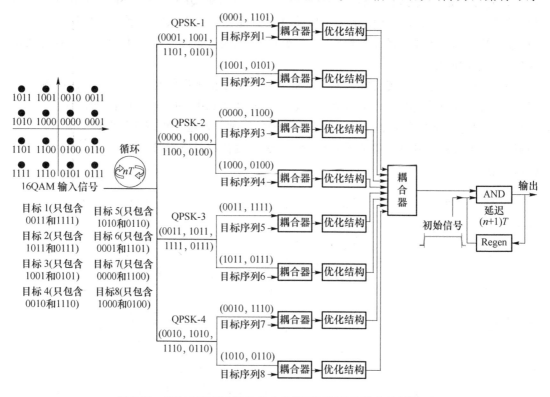

图 8-29　面向 16QAM 信号的全光序列匹配系统噪声抑制原理

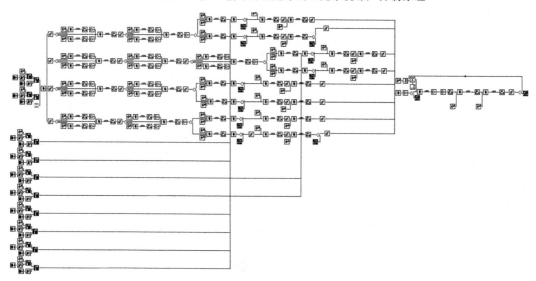

图 8-30　面向 16QAM 信号的全光序列匹配系统噪声抑制的仿真设置

列。每一路符号序列包含一对相位差为 π 的 BPSK 符号。在 16QAM 的高阶匹配格式中,二阶相位压缩结构在最终阶段与 8PSK 一致,都需要利用多阶与门进行相与操作,以去除无用的幅度信号。然而,由于输入端噪声或器件噪声的影响,可能导致将无用信号错误地判定为实际信号的情况。为此,这里将无用的幅度信号一律视为噪声引起的无用信号,并使用噪声抑制结构进行信号过滤。值得注意的是,相较于使用多阶与门进行相与操作时需要更多的器件,噪声抑制结构的二阶级联使用的器件更少,可以有效地减少系统的复杂程度。

8.12.2　仿真结果与数据分析

从图 8-31 可以看出,在 16QAM 匹配系统中加入噪声抑制系统和相位压缩优化结构后,也在一定程度上减小了噪声影响。图 8-31(a)展示了在输入噪声的情况下,噪声抑制后的输出结果。从图中可以看出,受噪声影响,在第 1 帧的匹配结果中,某些逻辑"0"符号的幅度值甚至超过逻辑"1"。而在第 2 帧时,受噪声影响,第 2 位逻辑"1"的幅度值明显降低。但经过噪声抑制不断的调节修正,还是可以在第 8 帧的第 4 位匹配成功。图 8-31(b)展示了在放大器噪声的情况下,噪声抑制后的输出结果。从图中可以看出,受噪声影响,在第 1 帧的匹配结果中,第 5 位的逻辑"0"符号的幅度值接近逻辑"1"。而在第 2 帧时,受噪声影响,第 6 位逻辑"0"的幅度值远大于第 2 位逻辑"1"的幅度值,这样的情况严重影响判决。但经过噪声抑制不断的调节修正,还是可以在第 8 帧的第 4 位匹配成功。图 8-31(c)的全噪声情况和放大器噪声情况相似,虽然最终都得到了正确的判决结果,但由于中间帧严重的影响,也说明了噪声抑制没有起到完美的效果。当然其与无噪声抑制结构相比,可以看到,每帧匹配符号"1"的幅度值更稳定,不存在多个符号"1"之间幅度不等的问题。而通过比较添加噪声抑制前后的匹配结果,可以直观地看到噪声抑制结构在 16QAM 系统中也起到了一定的噪声抑制效果。

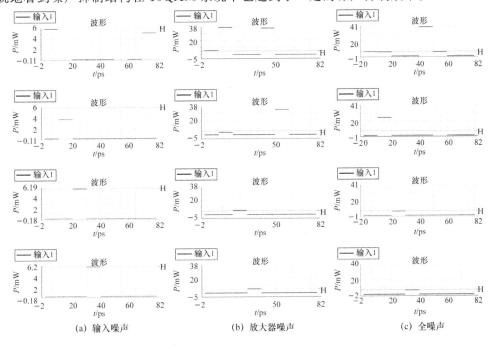

(a) 输入噪声　　　　　　　(b) 放大器噪声　　　　　　　(c) 全噪声

图 8-31　面向 16QAM 信号的全光序列匹配系统的噪声抑制输出

从图 8-32 中可以看出,在匹配系统中加入噪声抑制结构后,16QAM 匹配系统的 ER 和 CR 有了很大的提高。在 30~28 dB 的 OSNR 范围内,ER 和 CR 值分别为 74 dB 和 40 dB,且比较稳定。然而,如以往其他匹配格式的系统一样,由于噪声抑制结构的噪声抑制功率范围有限,所以在 OSNR 变化到 26 dB 后,抑制效果会迅速恶化。由于功率传递曲线的平坦区域是有限的,所以当噪声引起的符号功率波动超过可以抑制的功率范围时,噪声抑制结构将不能有效地抑制噪声。

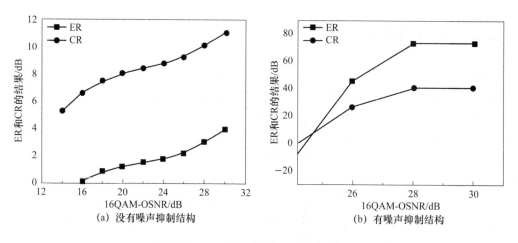

图 8-32　16QAM 系统输出的 ER 和 CR

8.13　本章小结

本章对全光匹配系统的噪声问题进行了分析和处理,噪声是通信系统中无法回避的问题,在全光匹配系统中噪声影响系统的正常匹配效果。OOK、BPSK、QPSK、8PSK 等每个匹配系统自身对于噪声的抗干扰能力有所不同,但随着噪声功率的增加系统都将受噪声影响发生误判。光纤 FWM 是全光再生的研究热点,通过 FWM 的全光再生系统,可以完成匹配系统的抗噪声抑制,提高全光匹配系统在噪声情况下码判决的准确率。本章主要使用了 HNLF 的简并 FWM 效应,通过两段光纤的级联提高再生的效果完成对噪声系统的抑制,在放大器噪声和输入噪声的影响下均可以产生不错的噪声抑制效果,从乱码中恢复出匹配码型。同时将该结构分别放入 OOK、BPSK、QPSK、8PSK 等系统验证其效果,通过验证结果可知该结构具有一定的噪声抑制作用。

本章参考文献

[1]　李玉权,朱勇,王江平. 光通信原理与技术[M]. 北京:科学出版社,2006.

[2]　GAETA A L. Nonlinear Optics in Hollow-Core Photonic Crystal Fibers[J]. Optics Express,2008,16(7):5035-5047.

[3]　阿戈沃. 非线性光纤光学原理及应用[M]. 贾东方,余震虹,译. 北京:电子工业出版

社，2010.

［4］　陈新，霍力，娄采云，等. 100 Gbit/s 归零码信号的 2R 再生［J］. 物理学报，2016，65（5）：159-165.

［5］　李新，黄善国，唐颖，等. 面向 QPSK 信号的全光快速模式匹配方法与系统及其应用：中国，202110766201.2［P］. 2021-10-08.

［6］　PERENTOS A，FABBRI S，SOROKINA M，et al. QPSK 3R Regenerator Using a Phase Sensitive Amplifier［J］. Optics Express，2016，24(15)：16649-16658.

［7］　李新，黄善国，石子成，等. 面向 16QAM 信号的并行全光快速模式匹配装置以及方法：中国，202210297876.1［P］. 2022-08-26.

第 9 章

光子防火墙系统实验验证

9.1　84 Gbit/s QPSK 信号匹配仿真验证

9.1.1　仿真框图

设计的系统仿真原理框图如图 9-1 所示。激光器输出 1 549.60 nm 以及 1 550.66 nm 两个波长激光,输入到双平行马赫-曾德尔调制器(Dual-Parallel Mach-Zehnder Modulator, DPMZM)之后光载波被分成两个偏振态 X 与 Y。其中 Y 偏振态进行 QPSK 调制,而 X 偏振态则通过一定的载波。输出的调制信号通过滤波器后,得到中心波长分别为 1 549.60 nm 和 1 550.66 nm 的两个信号。之后这两个中心波长的信号分别通过偏振控制器(PC)进行偏振态的旋转,并在经过偏振分束器(Polarization Beam Splitter, PBS)之后只保留 Y 偏振态。保留的 Y 偏振态相当于调制器输出的 Y 偏振态和 X 偏振态经过旋转后在 Y 偏振态上投影的和,通过合理的调整偏振态即可实现 QPSK 信号与载波的相加减。因此两个 PBS 将分别输出 I 路对应的正向和反向 OOK 信号。反向 OOK 信号延迟一个符号的时间之后与正向 OOK 信号一同送入 HNLF 激发 FWM,滤出两个闲频波为第 1 次与门的输出信号;将两个闲频波的其中一路延迟两个符号的时间之后再一同送入 HNLF 激发 FWM,滤出其中一个闲频波作为最后的输出信号;第 1 次与门的输出是两路分别延迟了一个符号时间的信号进行逻辑与运算的结果。而第 2 次与门的结果相当于在第 1 次与门的基础上再延迟两个符号的时间,这等同于四路延迟分别为 0 个符号时间、1 个符号时间、2 个符号时间和 3 个符号时间的信号相与,即为并行匹配的结果。

9.1.2　仿真结果

输入源序列的 I 路为{1,1,0,1,0,1,0,0},Q 路为{1,1,1,1,0,0,0,0},如图 9-2 所示。待匹配序列的 I 路为{0,1,0,1},匹配结果如图 9-3 所示,可以看出设计的匹配系统可以在输入序列中匹配到目标序列,且在输入序列中目标序列所在的最后一个比特的位置输出一个高电平。

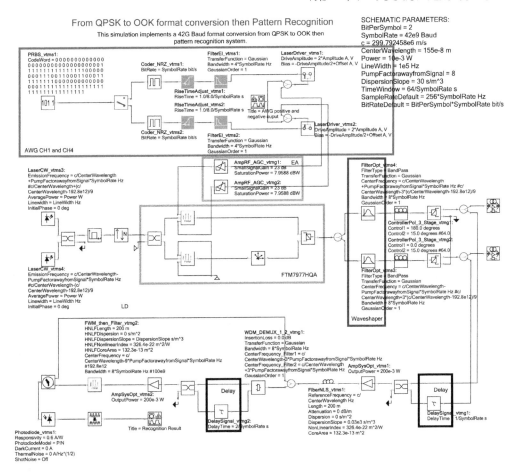

图 9-1　基于 DPMZM 的 QPSK 信号序列匹配 VPI 仿真

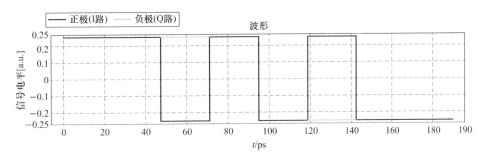

图 9-2　QPSK 信号 I/Q 两路输入信号

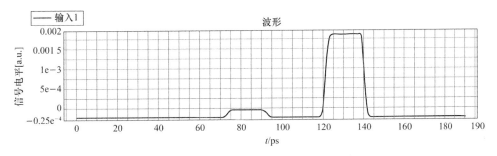

图 9-3　QPSK 信号 I 路匹配 0101 字段的仿真结果

9.2　84 Gbit/s QPSK 信号匹配实验验证

9.2.1　实验所用仪器型号与规格

受限于现有 HNLF、EDFA、光滤波器的数量和其他实验条件,实验在原有的 QPSK 格式转换以及高速 BPSK 序列匹配的基础上,设计了一种便于实验验证的 84 Gbit/s QPSK 信号序列匹配系统,并以此进行了实验验证。实验全景如图 9-4 所示,实验所用仪器型号与规格如表 9-1 所示,具体实验配置如下。

AWG—I 路 NRZ(非极性不归零)编码:$+1、+1、-1、+1、-1、+1、-1、-1$;Q 路 NRZ 编码:$+1、+1、+1、+1、-1、-1、-1、-1$;幅值:500 mV;符号长度:8×128 位;速率:42 GBaud,因此实际实验处理的比特率为 84 Gbit/s。

EA—放大 AWG 输出的 IQ 两路信号,置 8.95 V 直流工作电压。

DC—Y 偏振态置最小偏置点,两个 MZM 的偏置电压分别为 4.16 V、12.10 V,Y 偏振态相位控制电压为正交偏置点,偏置电压为 2.71 V;X 偏振态置非最小偏置点,偏置电压分别为 5.74 V、13.06 V,X 偏振态相位控制电压为最大偏置点,偏置电压为 5 V。

DPMZM—Y 偏振态输入 QPSK 信号,X 偏振态空置。

LD—LD1 输出激光 1 549.60 nm,功率 15.5 dBm;LD2 输出激光 1 550.66 nm,功率 15.5 dBm,LD1 与 LD2 耦合后输入 DPMZM。

EDFA—两个 EDFA 的输出功率都约为 20 dBm。

HNLF—1 000 m。

FP-OP—WaveShaper 中心波长为 1 549.60 nm/1 550.66 nm,带宽为 0.66 nm。

WDM—中心波长为 1 551.721 6 nm/1 548.545 3 nm/1 554.952 nm,带宽为 0.703 9 nm/0.616 6 nm/0.638 5 nm。

TDL—对输入光信号进行延迟,1 通道 133.810 ps;2 通道 0 ps;3 通道 0 ps;4 通道 23.809 ps。

表 9-1　实验所用仪器型号与规格

实验仪器或器件	型号和规格
AWG	Keysight M8196A 93.4 GS/s
EA	SHF S807C 23 dB
DC	Rigol DP832 30 V
DPMZM	Fujitsu FTM7977HQA/208 31.4 Gbaud
LD	飞博光电 C 波段可调谐光源
EDFA	Amonics AEDFA-IL-23-B-FC 23 dBm
HNLF	YOFC NL1550-Zero 10 $W^{-1}\cdot km^{-1}$

实验仪器或器件	型号和规格
FP-OP	Finisar WaveShaper 4000A/ EXFO XTM-50
PD	康冠光电 KG-PD-50G 50 GHz 0.65 A/W
OSC	Keysight Infiniium DSOZ594A 59 GHz 160 GS/s
OSA	YOKOGAWA AQ6370D

图 9-4　实验全景

9.2.2　实验结果

实验结果如图 9-5 所示。可以看到,输出波形周期约为 190.47 ps,单个符号周期为 23.8 ps,速率为 42 GBaud。解调结果与图 9-2 基本一致,虽然匹配得到的脉冲跳不够完美,但并不影响整体判决(这可能与匹配输入高速信号的质量、PD 噪声、OSC 采样率、OSC 本底噪声、尾纤干扰等都有关系),实现了 84 Gbit/s 的 QPSK 信号 I 路序列匹配(Q 路信号序列匹配同 I 路信号序列匹配的方法一模一样,只要通过调整 PC 使 Q 路输出即可)。

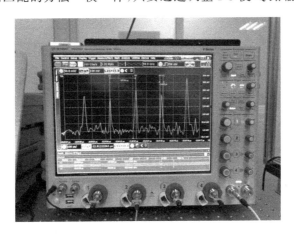

图 9-5　示波器输出波形

9.3　本　章　小　结

本章对 84 Gbit/s QPSK 信号匹配进行了部分实验验证,为后续光子防火墙的构建提供了实验基础。

第 10 章

VPItransmissionMaker 仿真软件简介

光传输仿真软件 VPItransmissionMaker 允许用户自定义激光器、调制器、光放大器、探测器和光纤等组件,可用于光子防火墙匹配系统的设计优化。本章将对其进行简单介绍,并展示该软件的安装、使用方法与一些常用模块。

10.1 VPItransmissionMaker 软件介绍

VPItransmissionMaker 是由德国光子学仿真软件公司 VPIphotonics 专为光通信系统和光子集成电路(PICs)的设计、分析和优化而开发的一款功能全面、灵活易用的光子设计软件[1]。该软件拥有丰富的组件库、优化算法,支持高级调制格式,集成了接入网、汇聚网和核心网所有光传输系统与子系统。强大的仿真功能和用户友好的界面,使用户可以轻松地设计复杂的光学系统,并进行详尽的性能分析和优化。该软件支持 Windows 的 32 位和 64 位两个版本。目前该软件已被超过 100 家服务提供商、系统集成商和设备制造商等公司团队及 140 家研发机构与大学使用。

10.1.1 主要功能

VPItransmissionMaker 软件的应用场景主要有网络仿真与性能分析,光通信系统、子系统与元器件的设计与优化。

1. 网络仿真与性能分析

① 利用组件库中丰富的光学组件、元器件,根据仿真需求,设置各模块属性参数,如传输速率、调制格式、光纤长度等,可搭建各种类型的光通信系统与子系统,包括光纤通信网络、数据中心互连、无源光网络等。

② 使用测量元器件如示波器、光谱仪等可对系统的性能进行分析和评估,包括对比特误码率、信噪比、眼图等指标的计算和评估,帮助用户了解系统的性能和限制,为系统优化提供参考。

2. 光通信系统、子系统与元器件设计与优化

① 光学系统或子系统开发。根据系统需求,如传输速率、距离范围、光纤类型等,选择合适的光学组件、元器件,搭建系统模型,设置光学组件、元器件参数,然后评估系统的传输性能,如信号功率、信噪比等,发现潜在的问题并确定优化方向。

② 元器件开发。VPItransmissionMaker 可用于模拟和设计各种类型的光器件,包括光纤传感器、光纤放大器等。通过定义和调整器件的几何形状、光学特性以及材料参数等来建立和优化光器件模型。然后,利用 VPItransmissionMaker 的模拟功能,对器件模型进行仿真分析,了解器件在不同参数配置下的光学行为,如光学增益、传输特性、色散等以确保设计的有效性和可靠性。

10.1.2 产品优势

VPItransmissionMaker 是一款功能强大、灵活性高、易用性好的光通信系统设计软件,具有以下几个方面的优势。

① 综合性。VPItransmissionMaker 拥有广泛的标准和高级光学组件库,使用户可以轻松地将它们集成到设计中,用于模拟和设计各种光通信系统、子系统与元器件,包括光纤网络、光纤传感器、光纤放大器等。用户能够在一个统一的平台上完成系统设计。

② 先进的模拟技术。各组件与元器件可准确地模拟真实系统中的各种物理现象和效应,如光纤色散与非线性等。各组件与元器件模块的参数设置与实际模块高度一致。当前版本的软件提供了 700 多个光电模块和 500 多个设计模板。另外,该软件中还会对各种模块设计定期更新,并且支持自动用新的模块替代用户系统设计中的旧模块,依据旧模块中的参数自动设置新模块中对应的参数值。

③ 支持多种模拟方法。VPItransmissionMaker 支持多种模拟方法,包括时域模拟、频域模拟、蒙特卡洛模拟等,以满足不同场景下的仿真需求。

④ 丰富的仿真分析工具。VPItransmissionMaker 提供了各种仿真分析工具,用于分析光学系统的各个方面,包括光功率、信噪比、色散、偏振效应和非线性效应等。

⑤ 强大的优化算法。VPItransmissionMaker 提供的优化算法可自动调整系统参数,以最大化性能指标,如信号质量或系统效率。

⑥ 高度可定制化。用户可以根据具体需求定制各种参数,如光纤传输特性、光源特性、调制格式等,以满足不同系统的设计需求。

⑦ 图形化界面。直观的图形化用户界面使用户能够方便地进行系统设计、参数设置和结果分析。形象化的模块图标可使用户清楚地辨别各类光学组件与源器件。

⑧ 后处理和可视化。该软件提供后处理工具,用于分析仿真结果,并生成图形和图表以可视化系统性能。

⑨ 与其他工具轻松集成。VPItransmissionMaker 可以通过应用程序编程接口(Application Programming Interface,API)与其他软件工具和编程语言集成,用于定制分析和自动化。

⑩ 丰富的应用实例。为了更加清晰地说明软件的功能及模块的应用,在软件库中提供了大量的应用实例。到目前为止,提供的应用实例有数百个,包括激光器、发射机、接收机、放大器、滤波器等元器件示例,短距、长距等传输系统等。每个应用实例都有详细的原理介绍与结构原理图。

⑪ 灵活的人机交互。具有搜索及快速查找功能,不仅支持全文搜索,而且可以搜索到某个特定模块及例子。另外为了增强软件使用的便利性,可将交互模拟(如参数扫描、优化和蒙特卡洛变化)直接从单一的用户界面分发给多个本地或远程内核。

10.2 VPItransmissionMaker 软件安装与使用

本节简要介绍了 VPItransmissionMaker 软件的安装步骤,并以搭建一个简单的全光序列匹配系统为例介绍 VPItransmissionMaker 软件的基本使用方法。

10.2.1 VPItransmissionMaker 安装步骤

该软件是一款付费使用软件,可在就近经销商或代理处购买 license 文件,同时可获得免费的软件使用培训、维修与软件升级。具体安装步骤如下。

① 从 VPIphotonics 官网的下载页面进行注册,然后进入下载页,下载适合本地计算机系统的安装包。在安装前需要仔细阅读所下载安装包里的文件说明及其他信息。

② 双击.exe 文件开始安装,安装过程简单,类似于普通软件安装,按照安装向导和提示一步步进行,直至完成安装。

③ 导入购买的 license。将 license 文件添加到安装目录中。

10.2.2 VPItransmissionMaker 的简单使用

打开 VPItransmissionMaker 软件,会看到如图 10-1 所示界面。在界面的左侧 Resources(资源列表库)里列出了该软件仿真的 TC Modules(模块)和 Demos(演示示例)。例如,在 TC Modules 文件夹下包括 Analyzers(分析仪)、Electrical Amplifiers(电放大器)、Optical Amplifiers(光放大器)等模块文件夹。选中一文件夹下的某模块后,右击鼠标,选择"help"可查看该模块的说明文档。图 10-2 所示为 OOK 接收机 Rx_OOK.vtmg 的说明文档。

下面以构建一个简单 BPSK 序列匹配系统为例来展示 VPItransmissionMaker 的基本使用方法。

① 新建一个.vtmu 文件。单击"File"菜单下的"new",在图 10-1 所示的右侧空白区域便弹出一个.vtmu 文件,在该文件里可搭建自定义系统。单击"File"菜单下的"save as",可对新建的文件进行重命名保存。

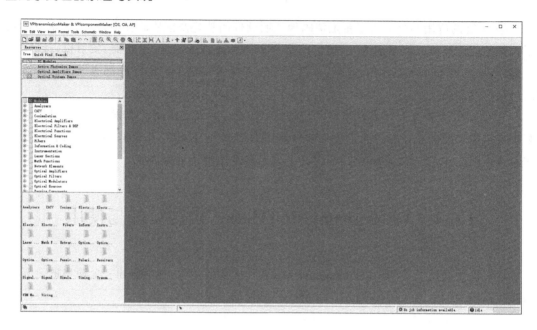

图 10-1　VPItransmissionMaker 界面

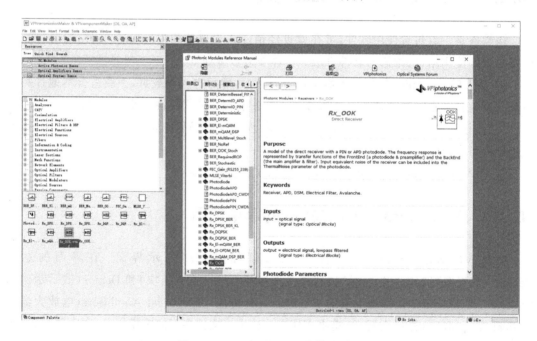

图 10-2　Rx_OOK.vtmg 的说明文档

② 搭建 BPSK 序列匹配系统。BPSK 序列匹配系统由数据序列子系统、目标序列子系统、匹配子系统三部分构成。比如数据序列子系统由连续波激光器、二进制序列发生器、编码器和相位调制器等组成。匹配结构主要用到了 EDFA、HNLF 等。在 Resources 菜单,选择 TC Modules→Optical Sources→LaserCW.vtmg,并将其拖放至新建的.vtmu 文件内。同理,完成二进制序列发生器、编码器、相位调制器、耦合器、HNLF、滤波器和 EDFA 信号分析仪的拖放。然后,通过在激光器输出端单击鼠标不放,拖行到相位调制器输入端放开鼠

标,来实现激光器输出端与相位调制器输入端之间的连接。同理,完成其他模块间的连接,
即可实现 BPSK 序列匹配系统的搭建,如图 10-3 所示。

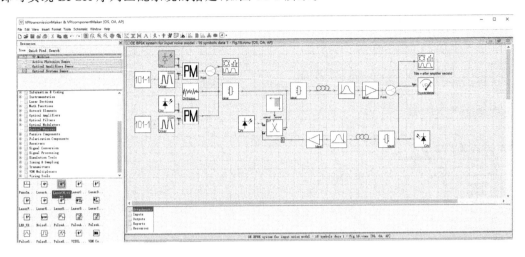

图 10-3 BPSK 序列匹配系统的搭建

③ 查看和编辑全局变量参数。在该 BPSK 序列匹配系统中,TimeWindow(时间窗
口)、SampleRateDefault(采样速率)、BitRateDefault(默认比特率)等参数均做了修改。参
数修改方法为:在系统文件的空白处右击鼠标选择"Edit Parameters"或双击鼠标,便可弹出
全局参数编辑界面。在待编辑参数的对应 Value 框里即可进行参数值编辑或选择,如图 10-4
所示。完成参数修改后,单击"OK"保存。

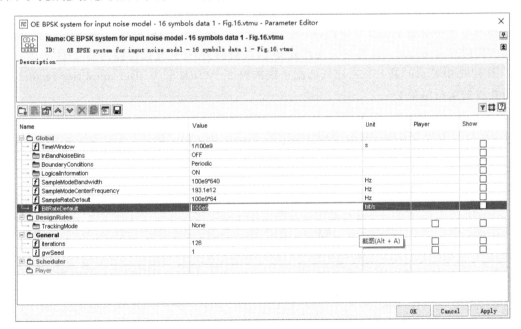

图 10-4 全局变量参数编辑

④ 查看和编辑模块参数。选中系统文件内要编辑参数的模块,然后右击鼠标选择
"Edit Parameters"或双击鼠标,便可弹出模块参数编辑界面。图 10-5 所示为连续波激光器

参数编辑界面。同全局变量参数修改方法，比如若对激光器发射频率进行修改，单击"EmissionFrequency"对应的 Value 框，然后编辑即可。完成参数修改后，单击"OK"保存。

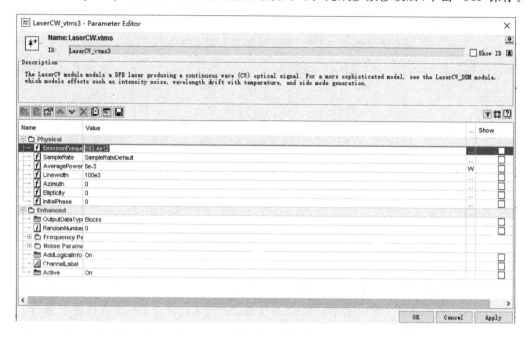

图 10-5　连续波激光器参数编辑

⑤ 运行。单击工具栏中的"run"按钮（即绿色小人），便会按照当前设置运行系统仿真。在 Messages 窗口中，可查看到系统的运行情况，比如运行过程、错误、警告等，如图 10-6 所示。如果系统中添加了信号分析仪、功率计等信号检测分析工具，那么在系统运行后，即可弹出 VPIPhotonicAnalyzer 窗口。在该窗口内可查看系统中所有检测分析工具的运行结果。图 10-7 中显示的是 BPSK 序列匹配系统的第 2 个（即标题为 after amplifier second）信号分析仪的运行结果。

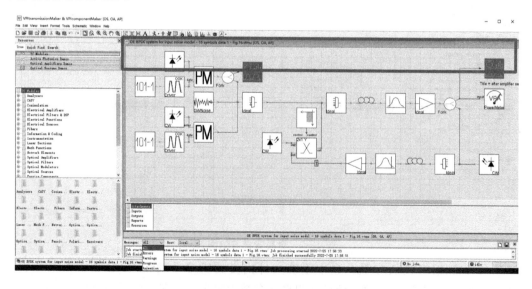

图 10-6　BPSK 序列匹配系统的运行情况

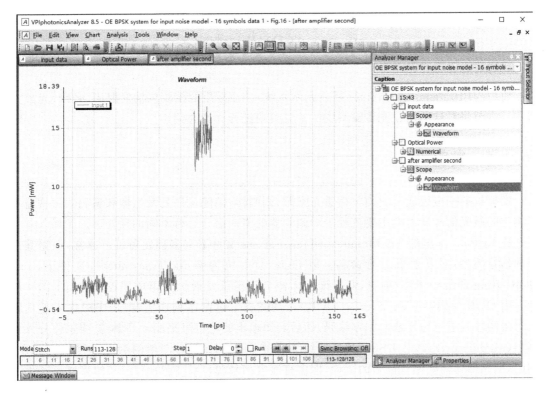

图 10-7　信号分析仪运行结果显示

⑥ 再次打开该系统文件。单击"File"菜单下的"open",在弹出的窗口内,根据该文件的保存目录找到该文件,打开即可,如图 10-8 所示。

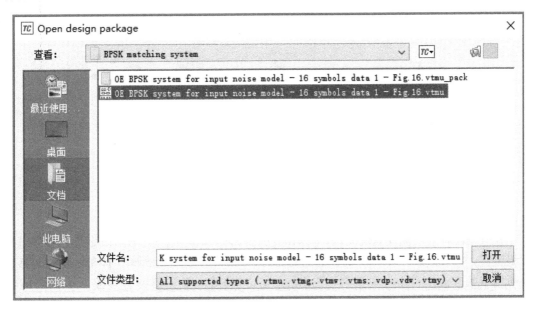

图 10-8　打开某系统文件

10.3　常用模块简介

使用 VPItransmissionMaker 搭建光学系统,一般常用的模块包括发射机、光纤、光放大器等。本节将对这些构建光传输系统的常见模块进行详细介绍。

10.3.1　发射机

发射机的基本组成模块均包括激光光源、调制器、伪随机序列发生器和编码器。构建不同类型的激光信号发射机主要依赖于对调制器的驱动信号进行不同的预处理。

在 Resources 里的 TC Modules→Transmitters 文件下有多种发射机。通常,根据其产生的信号类型,对发射机进行命名。以 OOK 发射机为例,在 Transmitters 文件下,Tx_OOK.vtmg 即是 OOK 发射机,双击该图标便可弹出该发射机的组成原理图,如图 10-9 所示。由 OOK 编码器(CoderDriver_OOK)对伪随机二进制序列产生器(PRBS)输出的伪随机二进制序列进行归零或非归零编码,然后利用输出的电信号来驱动马赫-曾德尔差分外调制器(ModulatorDiffMZ_DSM)对由连续波激光器(LaserCW)产生的激光信号进行调制。同时,调制器还需要偏置信号的驱动,即由直流电信号源(DC_Source)定义的采样率产生的恒定振幅的电信号来驱动调制器正常工作。

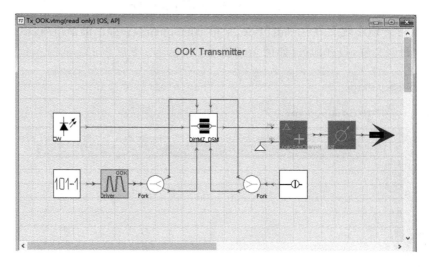

图 10-9　OOK 发射机组成原理

在搭建的特定功能或系统文件(即.vtmu 文件)内,双击 Tx_OOK.vtmg 图标可弹出参数编辑器。在 Tx_OOK.vtmg 的参数编辑器内,可编辑的参数类型如图 10-10 所示,包括模块通用参数〔SampleRate(采样率)、BitRate(比特率)等〕、激光器特有参数〔Linewidth(线宽)、Azimuth(激光偏振椭圆的方位角)等〕、PRBS 特有参数〔PRBS_Type(二进制序列类型)等〕、编码器特有参数〔OutputLevel_0(比特 0 输入的输出电流/电压)等〕、调制器特有参数〔Bias(直流偏置输入的信号幅值)等〕。

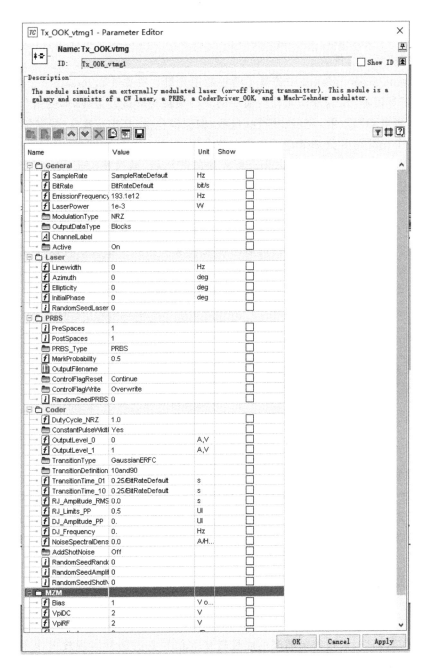

图 10-10　OOK 发射机可调参数

10.3.2　光纤

针对单模光纤,根据光纤传输特性的侧重点,在 VPItransmissionMaker 中建模了多种类型的光纤,包括通用光纤(UniversalFiber、UniversalFiberFwd)、色散损耗补偿光纤(DisManaged FiberSpan)、非线性光纤(FiberNLS 等)、抖动光纤(JitterLongHaul、

JitterShortHaul 等)。另外,多模光纤(MultiModeFiber)模块模拟了具有任意横向折射率分布的多模光纤;时域光纤(TimeDomainFiber)模块以非周期边界条件运行,主要用于采样模式或非周期块模式组件。

在 VPItransmissionMaker 中仿真了两种通用光纤。一是 UniversalFiber 模块,该模块考虑了双向信号传输,及信号在光纤传输中的多种损耗与非线性效应,如受激和自发拉曼和布里渊散射、多重瑞利散射、克尔非线性、色散、偏振模色散(PMD)效应、局域插入损耗和反射,并针对每个光纤跨度分别指定了分段常数参数,模拟了光纤中宽带非线性信号传输。二是 UniversalFiberFwd 模块,它是通用光纤模块的简化版,通过将 UniversalFiber 模块的一个输入设置为空,对应的输出接地,使其成为一个单向通用光纤模块。

VPItransmissionMaker 中 DisManaged FiberSpan 仿真了色散损耗补偿光纤跨段,其原理如图 10-11 所示。在该模块中,可以轻松地调整其色散和损耗补偿的细节。两级 EDFA 可用于传输光纤(增强器/线放大器)前后的损耗补偿。色散补偿模块可以放置在传输光纤前后的 EDFA 的中期接入点(预补偿/后补偿)。预补偿部分和后补偿部分(图中助推器和线性放大器)均建模为两级输出功率控制的 EDFA,中间接入色散补偿。

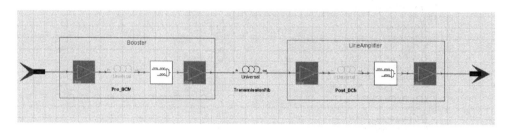

图 10-11　色散损耗补偿光纤跨段的原理

FiberNLS 为非线性光纤模块,该模块使用分步傅里叶方法求解描述线偏振光波在光纤中传播的非线性薛定谔方程。根据信号表示的不同,表示了不同的效应:在单频带(SFB)情况下,模型考虑了光纤的受激拉曼散射、四波混频、自相位调制、交叉相位调制、一阶群速度色散、二阶群速度色散以及光纤的衰减。

10.3.3　光放大器

光放大器是光纤通信系统中对光信号进行放大的一种光器件。光放大器的基本原理是基于激光的受激辐射,通过将泵浦光的能量转变为信号光的能量实现放大作用。光放大器主要有 3 种,半导体放大器、光纤放大器、波导放大器[2]。

半导体放大器是采用半导体增益介质的一种光放大器。半导体放大器的工作原理是由驱动电流将半导体载流子转化为反转粒子,使注入信号光幅度放大,并保持注入信号光的偏振、线宽和频率等基本物理特性。半导体放大器分为谐振式和行波式。半导体放大器的有源区本身是一个谐振器,如果在有源区的两端加上防发射膜使其反射很小便不能形成谐振腔,从而可以形成一个频带很宽的光放大器。又由于在这种光放大器中光信号的强度是随着在有源波导层中的前进而放大的,所以称其为行波式半导体放大器。VPItransmissionMaker 中 AmpSOA 模块模拟了行波式半导体放大器。

根据放大机制不同,光纤放大器可分为两大类,即非线性光纤放大器和掺杂光纤放大器。非线性光纤放大器是利用光纤的非线性效应实现对信号光放大的一种激光放大器。当光纤中光功率密度达到一定阈值时,将产生受激拉曼散射(Stimulated Raman Scattering, SRS)和受激布里渊散射(Stimulated Brillouin Scattering,SBS),形成对信号光的相干放大。掺杂光纤放大器是由掺杂光纤制成的放大器,在光纤芯层沉积中掺入极小浓度的稀土元素,如铒、镨或铷等离子,掺杂离子在受到泵浦光激励后跃迁到亚稳定的高激发态,在信号光诱导下,产生受激辐射,形成对信号光的相干放大。DopedFiber 模块模拟了掺铒、掺镱、共掺、包层泵浦或芯泵浦的光纤放大器。该模型基于信号的双向传播方程和离子居群的多级速率方程。其中发射光谱和吸收光谱可以用截面或 Giles 参数来指定。该模型包括均匀和非均匀展宽、激发态吸收、瑞利散射、克尔非线性引起的自相位调制、均匀上转换、对致猝灭和交叉弛豫引起的铒/镱能量转移。从纵向和横向两个方向对模型进行了解析。特别地, AmpEDFA_RateEqStat 模块模拟了一种掺铒光纤放大器子系统,AmpEDFA_Dynamic 模块仿真了一种掺铒光纤放大器子系统的动态模型。

除了掺杂光纤放大器,还有一种掺杂放大器通过在波导中掺入更高浓度的稀土元素实现光放大,这种掺杂放大器叫作掺杂波导放大器。利用光波导结构将抽运光能量约束在截面积非常小的区域,提高抽运光功率密度和有效作用长度,实现在工作波长内单位长度波导的高信号增益(约为光纤结构的 100 倍)[2]。AmpEDW 模块模拟了掺杂波导放大器。它是双向的,可以用来模拟掺铒波导,也可以选择掺镱波导。通过提供增益和吸收截面数据,可以确定两种掺杂剂的真实光谱特性(发射和吸收)。模型中使用的理论模型和算法在掺杂剂浓度水平较高时是有效的,这在掺杂波导放大器中是常见的情况。该模型可以解释的重要物理过程包括激发态吸收、上转换和铒离子间的交叉弛豫,以及铒/钇对诱导的相互作用和铒/钇交叉弛豫。

除上述几种光放大器模拟模型,在不考虑放大原理的情况下,VPItransmissionMaker 中还模拟了固定增益光放大器和黑盒放大器。AmpSysOpt 模块模拟了固定增益形状光放大器。考虑与高输出功率或高增益相关的限制效应,该模型可以作为增益控制、功率控制或饱和放大器。该模型也适用于低增益甚至衰减的放大器。黑盒放大器基于一个完整的放大器单元(如封装的商业光纤放大器)的外部测量数据来仿真,不需要详细了解放大器内部各个部件的特性。在 VPItransmissionMaker 8.5 中模拟了 3 种黑盒放大器,分别是 AmpBlackBoxOpt 模块、AmpBlackBoxOptPump 模块和 AmpBlackBoxSOA 模块。AmpBlackBoxOpt 模块支持增益和功率控制。AmpBlackBoxOptPump 模块能够读取在多个泵功率级别测量的表征数据,并插值计算在指定的工作泵功率下放大器的性能。

10.3.4　光开关

光开关是实现从多个输入信号中选择其中一个输出的光器件。图 10-12 所示的 SwitchDOS_Y_Select 模块模拟了一个非理想的光 Y 型开关,即从两个输入信号中选择一个输出。通过控制端(control)输入的逻辑信号来决定输出端输出哪一路输入信号(in1 或 in2)。非理想是指输出在输入信号上附加了相移的串扰。

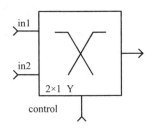

图 10-12　SwitchDOS_Y_Select 模块

10.3.5　滤波器

在全光匹配系统仿真中光滤波器采用了 FilterOpt 模块。FilterOpt 模块是一种通用光学滤波器模型,可用于模拟带通、带阻和梳状滤波器,具有可选的标准传递函数,包括巴特沃斯、贝塞尔、切比雪夫、椭圆、高斯、矩形、梯形和积分器。该模型还可用于模拟通过输入文件提供传递函数的自定义滤波器。

光滤波器是光通信系统的关键部件。它们广泛应用于波分复用信号的解复用、噪声和失真抑制、光纤色散补偿等方面。根据具体应用,滤波器设计包括开发具有规定幅度和相位响应的滤波器。该模块使用广泛的标准模型和程序支持光学滤波器的模拟,包括因果物理可实现的滤波器(巴特沃斯、贝塞尔、切比雪夫和椭圆),理想滤波器(高斯、矩形、梯形和积分器)。

10.4　本章小结

VPItransmissionMaker 是一款功能全面、灵活易用的光系统设计软件,适用于光通信和光子集成电路领域的研究和工程应用。本章主要介绍了该软件的主要功能与优势、安装与样例测试、组件库中常用的光模块。本书所有光信号匹配系统的仿真都是在该软件上完成的。

本章参考文献

[1]　VPIphotonics. Description[EB/OL]. [2024-04-10]. https://www.vpiphotonics. com/Tools/OpticalSystems/.

[2]　郝寅雷,吴亚明. 掺铒波导放大器(EDWA)技术及其应用[J]. 激光与光电子学进展, 2003,40(11):45-51.